Angewandte Onkologie

Einführung in aktuelle diagnostische und therapeutische Konzepte

Ch. Dittrich (Hrsg.)

Springer-Verlag Wien New York

Prostatakarzinom Malignes Melanom

Bildgebende Verfahren in der Onkologie

Mit Beiträgen von

P. Barton · P. Fritsch · N. Gritzmann · P. Hübsch
G. Mostbeck · E. Pichler · E. Salomonowitz
C. P. Schmidbauer · A. U. Schratter-Sehn
B. Schwaighofer · D. Tscholakoff

Springer-Verlag Wien New York

Univ.-Doz. Dr. Christian Dittrich
Universitätsklinik für Chemotherapie, Wien

Gedruckt mit Unterstützung der Firma AESCA, A-2514 Traiskirchen

Mit 50 Abbildungen

CIP-Titelaufnahme der Deutschen Bibliothek

**Prostatakarzinom, malignes Melanom, bildgebende Verfahren
in der Onkologie**/mit Beitr. von P. Barton . . . – Wien ; New
York : Springer, 1990
    (Angewandte Onkologie)
    ISBN-13:978-3-211-82228-9

NE: Barton, Peter

ISSN 0935-3267
ISBN-13:978-3-211-82228-9   e-ISBN-13:978-3-7091-9107-1
DOI: 10.1007/978-3-7091-9107-1

Geleitwort

„Angewandte Onkologie" will als Fachbuchreihe eine Einführung in aktuelle diagnostische und therapeutische Konzepte geben. Ihre Intention ist die Information von niedergelassenen Ärzten, Spitalsärzten und Fachärzten, insbesondere aber von Kolleginnen und Kollegen, die auf dem Gebiet der Onkologie nicht spezialisiert sind. Während es eine Fülle von einschlägigen Werken auf dem einem äußerst raschen Wandel unterworfenen Gebiet der jungen Disziplin Onkologie gibt, wird die aktualisierte praktische Information häufig vernachlässigt. Ziel der neuen Buchreihe, deren zweiter Band hiemit vorliegt, soll es nun sein, diesem ständigen Wandel des aktuellen theoretischen Wissens und des davon abgeleiteten praktischen klinischen Handelns zu entsprechen und in zyklischer Abfolge bestimmte onkologische Themen zu behandeln. Die für die einzelnen Bände gewählten Beiträge setzen sich primär aus den anläßlich der jährlichen Fortbildungsseminare für Klinische Onkologie vorgestellten Themen zusammen. Einzelne Tumorentitäten werden in diesem Rahmen überblicksartig behandelt, wobei der Bogen von der Epidemiologie und Pathologie über Diagnostik und Therapie bis zur Verlaufsuntersuchung und Prognoseerstellung reichen soll. Darüber hinaus sollen jedoch auch interdisziplinäre onkologische Themen aufgegriffen sowie Neuerungen mit unmittelbarem Einfluß auf das praktisch klinische Handeln präsentiert werden.

Den Autoren der einzelnen Beiträge des zweiten Bandes möchte ich an dieser Stelle für ihre Mühe und für die fruchtbare Zusammenarbeit sehr danken.

Mein Dank richtet sich auch an meinen Freund Dipl.-Ing. G. Welley, der sich mit der Kreation des Logo dieser Buchreihe sehr verdient gemacht hat. Besonderen Dank möchte ich dem Springer-Verlag, insbesondere Herrn Dir. R. Siegle, Herrn F. Chr. May und Frau E. Reznicek aussprechen, denen ich für ihre Aufgeschlossenheit diesem Projekt gegenüber und für ihren Einsatz bei der Umsetzung der Idee zu einer onkologischen Fortbildungsreihe in die Realität sehr zu Dank verpflichtet bin. Last but not least möchte ich meiner Frau, die mir bei diesem Projekt sowohl konzeptionell als auch redaktionell zur Seite gestanden ist, aufrichtig danken.

Wien, im Oktober 1990 **Christian Dittrich**

Vorwort

Der zweite Band der Buchreihe „Angewandte Onkologie" ist dem Prostatakarzinom, dem Melanom und dem interdisziplinären Thema des aktuellen Einsatzes bildgebender Verfahren in der Onkologie gewidmet.

Obwohl den Beiträgen zu den einzelnen Tumorentitäten die Idee zugrundeliegt, das jeweilige Thema umfassend von der Epidemiologie und Histopathologie über klinische Symptomatik, Diagnostik und Therapie bis zur Verlaufskontrolle und Nachsorge zu präsentieren, wird von den einzelnen Autoren bewußt den spezifischen Eigenheiten im Management der jeweiligen Tumoren Rechnung getragen und so auch teilweise das vorgegebene Konzept durchbrochen. Insbesondere wurden auch Inhalte, die kontroversiell beurteilt werden, von den einzelnen Verfassern aufgegriffen, und es wurde versucht, die aktuellen Standpunkte gegenüberzustellen, um dem Leser zu ermöglichen, selbst zu einer Meinung zu gelangen bzw. die jeweilig vertretene Auffassung nachvollziehen zu können. Als interdisziplinäres onkologisches Thema wird der Stellenwert bildgebender Verfahren sowohl in der Diagnostik als auch in der Verlaufskontrolle von soliden Tumoren im allgemeinen sowie deren Einsatz bei spezifischen Tumorentitäten im besonderen behandelt.

Aufrichtiger Dank gilt unseren Mitarbeiterinnen und Mitarbeitern, die, sei es praktisch oder gedanklich, an der Verwirklichung dieses Bandes Anteil haben. Insbesondere sei auch dem Springer-Verlag für die angenehme Zusammenarbeit herzlich gedankt.

Wien, im Oktober 1990 **Die Autoren**

Inhaltsverzeichnis

Klinik, Differentialdiagnose und Therapie des Melanoms 49

Von P. Fritsch und E. Pichler

Stellenwert bildgebender Verfahren in der Diagnostik und Verlaufskontrolle solider Tumoren 72

Von D. Tscholakoff, G. Mostbeck und N. Gritzmann

Ultraschall pigmentierter Hauttumoren. Differentialdiagnose und Lokalstaging 108
Von P. Barton, B. Schwaighofer und P. Hübsch

Bildgebende Diagnostik des Prostatakarzinoms 117
Von A. U. Schratter-Sehn

Radiologische Diagnostik des Mammakarzinoms 127
Von E. Salomonowitz

Autorenverzeichnis

Univ.-Ass. Dr. *Peter Barton,* Abteilung für diagnostische Radiologie der II. Medizinischen Universitätsklinik Wien, Garnisongasse 13, A-1090 Wien.

Univ.-Prof. Dr. *Peter Fritsch,* Vorstand der Universitätsklinik für Dermatologie und Venerologie, Anichstraße 35, A-6020 Innsbruck.

Univ.-Doz. Dr. *Norbert Gritzmann,* Zentrales Institut für Radiodiagnostik der Universität Wien, Alser Straße 4, A-1090 Wien.

Univ.-Ass. Dr. *Peter Hübsch,* Abteilung für diagnostische Radiologie der II. Medizinischen Universitätsklinik Wien, Garnisongasse 13, A-1090 Wien.

Univ.-Ass. Dr. *Gerhard Mostbeck,* Ludwig Boltzmann-Institut für radiologisch-physikalische Tumordiagnostik an der Röntgenstation der I. Medizinischen Universitätsklinik, Lazarettgasse 14, A-1090 Wien.

OA Dr. *Evelyn Pichler,* Universitätsklinik für Dermatologie und Venerologie, Anichstraße 35, A-6020 Innsbruck.

Univ.-Doz. Dr. *Erich Salomonowitz,* Zentrales Institut für Radiodiagnostik der Universität Wien, Alser Straße 4, A-1090 Wien.

Univ.-Doz. Dr. *Christian P. Schmidbauer,* Urologische Abteilung der Allgemeinen Poliklinik der Stadt Wien, Mariannengasse 10, A-1090 Wien.

OA Dr. *Annemarie Ulrike Schratter-Sehn,* Leiter der Strahlentherapie des Kaiser-Franz-Joseph-Spitals, Kundratstraße 3, A-1100 Wien.

Univ.-Ass. Dr. *Bernhard Schwaighofer,* Abteilung für diagnostische Radiologie der II. Medizinischen Universitätsklinik Wien, Garnisongasse 13, A-1090 Wien.

Ass.-Prof. Univ.-Doz. Dr. *Dimiter Tscholakoff,* Ludwig Boltzmann-Institut für radiologisch-physikalische Tumordiagnostik an der Röntgenstation der I. Medizinischen Universitätsklinik, Lazarettgasse 14, A-1090 Wien.

Prostatakarzinom

C. P. Schmidbauer

Epidemiologie

Die **Inzidenz** des Prostatakarzinoms, d. h. jene Anzahl neuer Erkrankungen an Prostatakarzinom pro 100.000 Einwohner pro Jahr, liegt in den Vereinigten Staaten bei etwa 69 [1]. Verbesserte Diagnostik und gesetzlich verankerte Krebsregister scheinen zur Zunahme der Prostatakarzinominzidenz beizutragen (Abb. 1). In Österreich ist das Prostatakarzinom der zweithäufigste maligne Tumor bei Männern; bei über 65jährigen der häufigste (Abb. 2). Das Prostatakarzinom ist somit ein Malignom des älteren Mannes mit einem Gipfel im 7. und 8. Lebensjahrzehnt.

Die **Prävalenz**, d. h. die Anzahl der existenten Prostatakarzinome in der Bevölkerung zu einem bestimmten Zeitpunkt, läßt sich schwer berechnen, jedoch kann sie annähernd aus dem Auftreten des inzidentellen Prostatakarzinoms nach Prostataoperationen und der Inzidenz bei Autopsien errechnet werden. Die so ermittelte Prävalenzrate liegt zwischen 5% und 40% bei Männern über

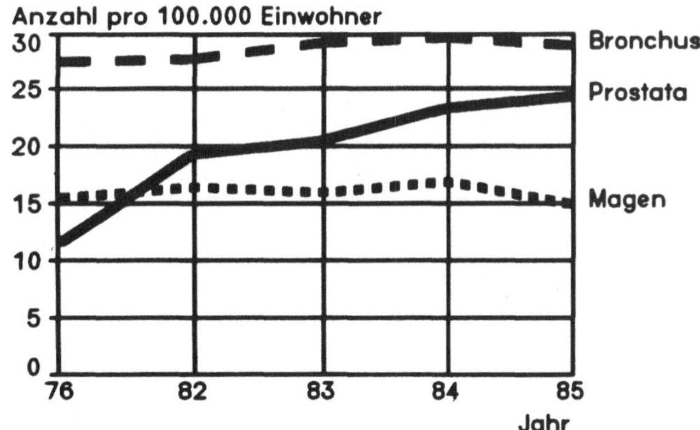

Abb. 1. Inzidenz maligner Tumoren bei Männern (Quelle: Jahresberichte über das Gesundheitswesen in Österreich)

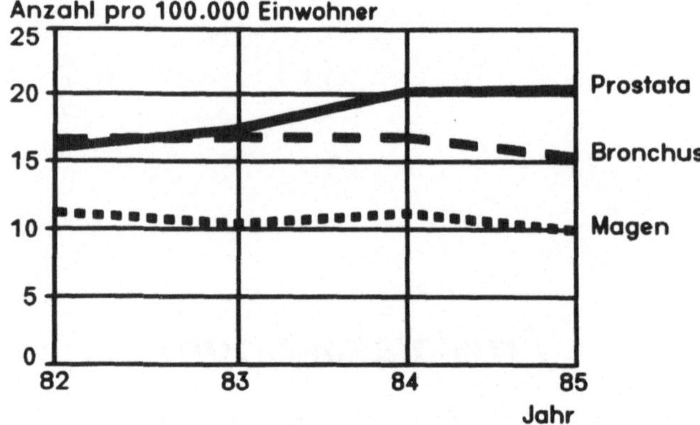

Abb. 2. Inzidenz maligner Tumoren bei Männern über 65 Jahren (Quelle: Jahresberichte über das Gesundheitswesen in Österreich)

50 Jahren, und damit ist das Prostatakarzinom der Tumor mit der höchsten Prävalenz bei Männern.

Die **Mortalität**, d. h. die Anzahl der Krebstoten pro 100.000 Einwohner pro Jahr, lag in den Vereinigten Staaten bei 18,8 [1]. Das Prostatakarzinom liegt hinter den Todesursachen wegen Bronchuskarzinom und kolorektalen Tumoren und ist für ca. 10% aller Krebstoten bei amerikanischen Männern verantwortlich [2]. Für Deutschland werden Raten zwischen 4% und 9,3% berichtet [3]. Die Mortalitätsrate des Prostatakarzinoms stieg während der letzten Jahre ebenfalls an, jedoch in einem geringeren Ausmaß als die Inzidenzrate. Dieser Unterschied scheint Ausdruck einer augenscheinlich besseren Überlebensrate zu sein, wofür eine frühzeitige Diagnose sowie eine frühere und effektivere Therapie verantwortlich sein dürften.

Ätiologie

Auf epidemiologischen Beobachtungen basierend, können vier wesentliche Faktoren für die Entstehung eines Prostatakarzinoms angenommen werden: 1. eine genetische Prädisposition, 2. hormonelle Faktoren, 3. Umwelteinflüsse und 4. sexuell übertragbare Krankheiten.

Die Bedeutung jedes einzelnen Faktors ist schwer abzuschätzen; es wird wohl fließende Übergänge zwischen den verschiedenen Faktorengruppen geben. So ist es z. B. schwierig, genetische Faktoren von Umwelteinflüssen zu trennen.

Genetische Prädisposition

Einige Studien berichten über höhere Inzidenzraten von Prostatakarzinom bei Verwandten von Prostatakarzinompatienten [4, 5], obwohl HLA-Typisierungen keine Verbindung mit irgendeinem spezifischen HLA-Haplotyp und dem Vorkommen von Prostatakarzinomen identifiziert haben [6].

Besonders deutlich sind nationale und rassische Unterschiede bei Inzidenz und Mortalität des Prostatakarzinoms [7]. Nordeuropäische und nordamerikanische Länder haben hohe, lateinamerikanische, südamerikanische und südeuropäische Länder haben mittlere, osteuropäische und fernöstliche Länder haben relativ niedrige Mortalitätsraten [8]. Einige dieser Differenzen dürften durch unterschiedliche medizinische Versorgung und unterschiedliche Krebsmeldepflicht verursacht sein.

In den USA konnte man feststellen, daß die alterskorrigierte Inzidenz und Mortalität des Prostatakarzinoms bei schwarzen Amerikanern ungefähr 50% höher sind als jene der weißen Bevölkerung [9]. Es wurde auch berichtet, daß in den USA das Prostatakarzinom bei Negern in einem früheren Alter auftreten würde und daß Männer weißer Hautfarbe häufiger mit einem fortgeschritteneren Tumorstadium entdeckt werden würden. Demgegenüber haben amerikanische Indianer, Orientalen und Einwanderer spanischer Abstammung eine signifikant niedrigere Prostatakarzinominzidenz als Weiße.

Trotz dieser Rassen- und Nationalitätenunterschiede in der Inzidenz des klinisch manifesten Prostatakarzinoms scheint es, als wäre die Prävalenz des inzidentellen Prostatakarzinoms bei Autopsien für alle Rassen und Länder gleich [7]. Es gibt jedoch auch Studien, die annehmen, das latente Prostatakarzinom wäre bei Orientalen weniger häufig prävalent als bei Schwarzen oder Weißen [10].

Unterschiede in der Mortalität von Prostatakarzinompatienten verschiedener Glaubensgruppen wurden ebenfalls berichtet; Protestanten wiesen demnach die höchste Mortalität, Katholiken eine mittlere und Juden die niedrigste Rate auf [11].

Hormonelle Faktoren

Die Annahme, daß hormonelle Faktoren für die Entwicklung eines Prostatakarzinoms wesentlich wären, ergibt sich 1. aus der Androgenabhängigkeit der meisten Prostatakarzinome, 2. aus der Tatsache, daß das Prostatakarzinom bei Eunuchen nicht vorkommt, 3. aus der Tatsache, daß ein Prostatakarzinom bei sog. Noble-Ratten durch chronische Gabe von Östrogen und Androgen induziert werden kann [12], und 4. aus dem häufigen Nachweis von Prostatakarzinom in Zonen sklerotischer Prostataatrophie im histologischen Präparat [13].

Im Steroidstoffwechsel konnte bei Prostatakarzinompatienten bisher kein bestimmtes, abweichendes Muster festgestellt werden [14]. Interessant erscheinen Studien, die über eine gleichzeitig hohe Inzidenz von Prostatakarzinomen und Mammakarzinomen in verschiedenen Ländern berichten [9]. Eine erhöhte Inzidenzrate von Prostatakarzinom wurde bei besonders fertilen Männern [15] und bei sexuell überaktiven Männern jenseits der 40-Jahresgrenze diskutiert. Benigne Vergrößerungen der Vorsteherdrüse sollen ein erhöhtes Prostatakarzinomrisiko darstellen [16]. Diese Beobachtungen wurden wiederum von anderen Autoren in Frage gestellt [8, 17, 18].

Trotz Gegenargumenten ist anzunehmen, daß Patienten mit einer benignen Prostatavergrößerung kein erhöhtes Karzinomrisiko haben [19].

Umwelt

Ein interessantes Phänomen ist die Tatsache, daß Einwanderer aus Gegenden (Japan) niedriger in Länder (USA) hoher Prostatakarzinominzidenz für eine Generation die niedrige Inzidenz beibehalten. Die nächste Generation zeigt bereits eine erhöhte, ihrer neuen Umgebung angepaßte Inzidenz. Dieser Vorgang wurde bei japanischen und europäischen Emigranten nach ihrem Wechsel in die Vereinigten Staaten beobachtet [20]. Innerhalb der Vereinigten Staaten wurden auch regionale Mortalitätsunterschiede beobachtet. Obwohl es Anzeichen gibt, wonach Männer in städtischer Umgebung eine höhere Mortalitätsrate durch Prostatakarzinom hätten, scheint es, als ergäbe sich keine signifikante Korrelation zwischen sozio-ökonomischem Status und Prostatakarzinomrisiko [9].

Verschiedene Umweltfaktoren, wie chemische Karzinogene, wurden als mitverantwortlich für die Entstehung eines Prostatakarzinoms angeschuldigt. Es wurde sogar ein höheres Risiko für Raucher festgestellt [8], ebenso bei fettreicher Kost [9]. Diese Studien lassen jedoch profunde Daten vermissen.

Infektionen

In epidemiologischen Studien fand man ein erhöhtes Prostatakarzinomrisiko in Verbindung mit Promiskuität, Geschlechtskrankheiten, häufigem Sexualverkehr, Prostitution, außerehelichen Verhältnissen und frühzeitigem Beginn sexueller Aktivität, jedoch im Gegensatz dazu auch bei Unterdrückung sexueller Aktivität, verspätetem Beginn derselben, bei frühzeitigem Höhepunkt und bei vorzeitiger Beendigung sexueller Aktivität. Eine Studie [21] berichtet über eine leicht erhöhte Inzidenz von Prostatakarzinom bei katholischen Priestern. Es ist äußerst schwierig, die ätiologische Rolle solcher Daten zu bewerten.

Andere Autoren [22] fanden im Tierversuch Anhaltspunkte, wonach DNS-Viren in Hamstern neoplastische Transformationen von Prostatazellen bewirken konnten. Herpes simplex-Viren wurden in Prostatakarzinomzellen nachgewiesen [23], ebenso wie Herpes-Viren und Herpes-Antikörper [24]. Andere Untersucher beschuldigten Zytomegalie-Viren und RNS-Viren als Mediatoren bei der Entstehung eines Prostatakarzinoms. Diese Berichte lassen lediglich die grundsätzliche Möglichkeit einer viralen Beteiligung offen [19].

Inwieweit wiederholte gonorrhoische Infektionen die Entstehung des Prostatakarzinoms beeinflussen, ist ebenso ungeklärt wie der Beitrag einer chronischen Prostatitis [8].

Pathologie

Die Klassifikation der WHO (World Health Organisation) ist die am meisten verwendete (Tabelle 1). Mehr als 95% aller Prostatakarzinome sind Adenokarzinome.

Tabelle 1. Histologische Klassifizierung des Adenokarzinoms der Prostata (WHO-Klassifikation)

Adenokarzinom:	Malignitätsgrad 1:
a) Kleinazinär	Drüsen mit geringer Kernaplasie
b) Großazinär	keine Mitosen
c) Kribiform	keine Nukleolen
d) Solid-trabekulär	
e) Endometrioid	Malignitätsgrad 2:
f) Gemischt (pluriform)	Drüsen mit mäßiger Kernaplasie
	wenige Mitosen
	einige Nukleolen
	Malignitätsgrad 3:
	Drüsen mit starker Kernaplasie
	viele Mitosen
	große Nukleolen oder
	Tumor ohne Drüsendifferenzierung

Adenokarzinom

Histologie

Das Prostatakarzinom kann eine große Anzahl verschiedener, abnormaler, histologischer Formen zeigen, die vom normalen Aufbau der Prostata mit ihren Drüsen, Ausführungsgängen und ihrem fibromuskulären Stroma abweichen. Unter **Differenzierung** versteht man eine graduelle Abweichung vom normalen Gewebemuster. Meist sind Größe und Aussehen der Drüsenschläuche (Acini) verändert. Die histologische Architektur der Prostata ist beim Prostatakarzinom meist zerstört. Maligne veränderte Drüsen können in einem beliebigen unregelmäßigen Muster auftreten. Bei manchen Tumoren kann nur mehr eine geringe oder fehlende drüsige Differenzierung zu bemerken sein. Das Karzinom kann das Prostatastroma diffus infiltrieren. Die Karzinomzellen infiltrieren häufig die perineuralen Scheiden der Prostata. Dies stellt einen wichtigen Faktor für die Diagnose des Karzinoms dar, beeinflußt aber nicht seine Prognose [25]. Ein ungünstiges prognostisches Zeichen ist das Vorhandensein von Karzinomzellen in Gefäß- oder Lymphspalten [26].

Prostatakarzinomzellen sind pleomorph mit großen Kernen, prominenten eosinophilen Nukleolen und weisen undeutliche Zellgrenzen auf. Immunhistochemische Färbemethoden mit saurer Prostataphosphatase und prostataspezifischem Antigen sind wertvoll, besonders wenn es darum geht, einen Tumor als von der Prostata ausgehend zu bestimmen.

Gradeinteilung

Die meisten Gradeinteilungen des Prostatakarzinoms basieren auf dem Auftreten und der Anordnung maligner Drüsen oder dem Grad der Anaplasie der

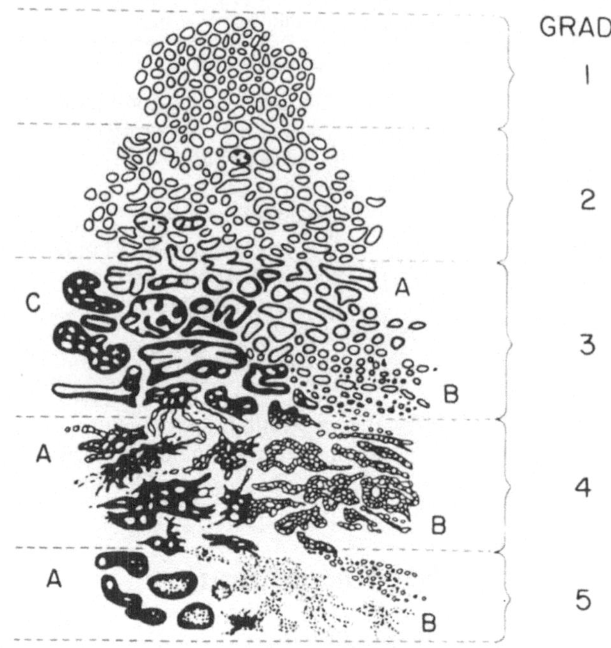

Abb. 3. Gleason-Schema [19]

Krebszellen oder auf beiden. Das Drüsenmuster [27], der Grad der Kernaplasie [28] und die Klarheit der Zellgrenzen [29] sind unabhängige Variable, die meist mit den Letalitätsraten korrelieren. Da mehr als 50% der Prostatakarzinome mehr als ein histologisches Muster aufweisen, ist es notwendig, den dominierenden, den schlechtesten oder den durchschnittlichen Differenzierungsgrad festzuhalten. Viele Pathologen differenzieren Prostatakarzinome einfach als gut, mäßig und schlecht differenziert und meinen, diese einfachen Gradeinteilungen ließen ebensogut prognostische Unterscheidungen zu wie kompliziertere Systeme; außerdem wären sie besser reproduzierbar (Tabelle 1).

In letzter Zeit hat sich das Gleason'sche Schema weit verbreitet [30]. Hier wird der Grad der glandulären Differenzierung und das Verhältnis von Drüsen zu Prostatastroma unter kleiner Vergrößerung bestimmt. Fünf verschiedene histologische Grade werden unterschieden (Abb. 3). Da viele Tumoren mehr als einen Grad zeigen, wird der prädominante Grad als Primärgrad und der weniger vertretene Grad als Sekundärgrad bezeichnet. Es werden die primären und sekundären Grade addiert, und so erhält man den sog. Gleason-Score. Der Gleason-Score reicht also von 2 bis 10. Man kann diesen Gleason-Score noch mit dem Tumorstadium kombinieren und erreicht so eine Tumorkategorie von 3 bis 15. Mit diesem Tumorscore war die Prognose besser vorherzusagen als mit einem einzigen Score oder mit dem Tumorstadium alleine. Als wesentlichster Nachteil des Gleason-Systems gilt seine durch verschiedene Untersucher begrenzte Reproduzierbarkeit [31].

Die Analyse von Nadelbiopsie-Material repräsentiert häufig nicht den gesamten Tumor. Mit Feinnadelbiopsien ist es ebenfalls möglich, eine genaue Graduierung des Tumors durchzuführen [32]. In enger Zusammenarbeit mit dem Urologen liegt bei gut ausgebildeten Zytologen die Übereinstimmung der Aspirationszytologie mit dem Operationspräparat bei 98%, jedoch jene der Stanzbiopsie nur bei 81%. Für die Saugbiopsie spricht auch, daß größere Areale der Prostata durch die fächerförmig abtastende Nadel erfaßt werden können [33].

Duktale Karzinome

Wenige Prostatakarzinome sind Ausführungsgangskarzinome. Sie können in verschiedenen Formen auftreten. Ihre wesentlichsten Vertreter sind das Übergangszellkarzinom und das Plattenepithelkarzinom, die in den zentralen prostatischen Ausführungsgängen ihren Ursprung haben. Diese Tumoren unterscheiden sich vom Adenokarzinom durch niedrige oder normale Phosphatasen-Werte und durch ihr fehlendes Ansprechen auf einen Androgenentzug [34]. Seltene Formen sind intraduktale Adenokarzinome, die vom peripheren Epithel der Ausführungsgänge der Prostata stammen, und endometrioide Karzinome. Sie sind meist papillär und stammen aus der prostatischen Urethra nahe dem Colliculus. Alle eben beschriebenen Tumoren machen im Deutschen Prostatakarzinomregister nur 2,3% aus [35].

Karzinosarkom

Diese Tumoren beinhalten maligne epitheliale und mesenchymale Elemente. Üblicherweise ist die Prognose schlecht.

Tumorausbreitung

Die Tumorausbreitung des Prostatakarzinoms erfolgt lokal sowie über Gefäße und Lymphbahnen. Eine multizentrische Entstehung, meist im peripheren Anteil der Drüse, ist häufig. Die Prostatakapsel stellt eine Barriere, die ein organüberschreitendes Wachstum vorerst verhindert und zuerst zu einer zentralen Ausbreitung führt, dar. Dann erst kommt es zur Kapselinfiltration und zu weiterem Wachstum des Tumors perivesikulär bis zur Harnblasenbasis. In 10–35% führt dies zur Harnleiterobstruktion, zuerst einseitig, später beidseitig [36, 37]. Eine direkte Infiltration und Umscheidung des Rektums sind selten [38]. Das Ausmaß der Tumorinfiltration im Diaphragma urogenitale bestimmt bei den betroffenen Patienten die Symptomatik (Harnretention, Harninkontinenz, Dysurie, etc.).

Die erste Station der Lymphdrainage sind die perivesikalen, hypogastrischen, obturatorischen, präsakralen und präischiadischen Lymphknoten. Die am häufigsten befallenen Lymphknoten sind die obturatorischen [39]. Die zweite Lymphstation (juxtaregional) entspricht den inguinalen, iliakalen und paraaortalen Lymphknoten. Die dritte Lymphstation sind die mediastinalen und supraklavikulären Lymphknoten. Der Befall juxtaregionaler Lymphknoten ist bei freien regionären Lymphknoten selten.

Knochenmetastasen sind die häufigste Form der hämatogenen Aussaat des Prostatakarzinoms und werden bei 85% an Prostatakarzinom Verstorbenen angetroffen. Die häufigsten Stellen des Skelettbefalls sind in abnehmender Reihenfolge: der lumbale Wirbelsäulenabschnitt, der proximale Femur, das Becken, die Brustwirbelsäule, die Rippen, das Sternum, der knöcherne Schädel und der Humerus [40].

Ossäre Metastasen können die normale Architektur des Knochens durch proliferierende Osteoblasten und neue Knochenbildung verändern [41]. Diese Läsionen führen häufig zu Schmerzen und können pathologische Frakturen verursachen. Metastasen in den Wirbelkörpern führen oft zu Wirbeleinbrüchen.

Die häufigsten viszeralen Metastasen des Prostatakarzinoms finden sich in Lunge, Leber und Nebenniere. Grundsätzlich kann jedes Organ befallen sein. Bei Autopsien von an Prostatakarzinom Verstorbenen werden in 25–38% Lungenmetastasen gefunden. Ein Befall des Zentralnervensystems tritt üblicherweise erst nach dem Knochenbefall auf. Die häufigsten Metastasen finden sich hier in den Meningen. Sie können lange klinisch unbemerkt bleiben.

Bei den meisten Patienten mit Lymphknotenmetastasen ist eine lokale extraprostatische Tumorausbreitung evident; Ausnahmen von diesem Muster wurden berichtet [42]. Einige Tumoren können ohne vorangegangene lokale Tumorausbreitung direkt lymphogen metastasieren oder Fernmetastasen setzen.

Verlauf und Prognose

Der Verlauf einer Prostatakarzinomerkrankung ist sehr verschiedenartig und daher schlecht kalkulierbar. Einige Tumoren haben ein beträchtliches malignes Potential; z. B. sie setzen Metastasen bereits vor lokalen Anzeichen eines Organbefalls. Andere Tumorerkrankungen verlaufen still und bleiben asymptomatisch als lokalisierter Tumor während der gesamten Lebenszeit eines Patienten. Dieses Tumorverhalten führte bei einigen Klinikern zu einer fatalistischen Auffassung, die darin gipfelt, daß Patienten mit biologisch günstigen Tumoren ohnedies eine gute Prognose hätten, während Patienten mit sehr bösartigen Tumoren unabhängig von der Behandlung ein fatales Schicksal haben würden. Zwischen diesen beiden Extremen gibt es jedoch ein Spektrum von Prostatakarzinomen, die wohl ein signifikant malignes Potential haben, aber zu einem bestimmten Zeitpunkt ruhen, was genügend Zeit für eine kurative Behandlung läßt.

Der Verlauf eines Tumors wird vom Verhältnis Wirt zu Tumor bestimmt. Bei Patienten mit Prostatakarzinom ist mehr über die Tumorfaktoren als über die Wirtsfaktoren bekannt.

Drei Wirtsfaktoren, Rasse, Alter und Immunkompetenz, werden für ihren Einfluß auf den Verlauf eines Prostatakarzinoms verantwortlich gemacht. Es wurde schon darauf hingewiesen, daß die Inzidenz des Prostatakarzinoms bei der amerikanischen schwarzen Bevölkerung höher ist als bei der weißen Bevölkerung oder bei Orientalen und Einwanderern hispanischer Abstammung [43].

Es gibt auch Berichte, wonach das Prostatakarzinom bei Negern einen aggressiveren Verlauf nimmt. Die meisten dieser Studien haben jedoch weder Tumorstadium, Tumorgrad oder Therapie verglichen. Wenn man ausschließlich exakte Kriterien beurteilt, dann finden sich keine signifikanten Unterschiede im Verhalten eines einmal klinisch manifesten Prostatakarzinoms bei den verschiedenen Rassen [44].

Es bestehen unterschiedliche Auffassungen, ob ein Prostatakarzinom bei jüngeren Patienten aggressiver wäre. Bei Überprüfung älterer Studien zeigte sich, daß Patienten, die jünger als 50 Jahre waren, deswegen ein fortgeschritteneres Prostatakarzinom hatten, weil sie eine geringere Chance für ein inzidentell zu entdeckendes Stadium A hatten [43]. Der einzige signifikante Unterschied war, daß Patienten jünger als 50 Jahre mit einem Tumor im Stadium B eine bessere Überlebensrate hatten als Patienten über 50 Jahre mit dem gleichen Tumorstadium. Dies könnte auf die höhere Anzahl radikaler Prostatektomien bei jungen Patienten zurückzuführen sein. In dieser Studie war der Verlauf des Prostatakarzinoms bei Patienten aller Altersgruppen in jedem Stadium und jedem Grad gleich [43].

Bei der Beurteilung der Immunkompetenz des Wirts für die Prognose von Prostatakarzinompatienten mangelt es an schlüssigen Daten. Es ist jedoch anzunehmen, daß bei Patienten mit einem Rezidiv nach endokriner Therapie eine Korrelation zwischen Immunkompetenz und Prognose besteht [45].

Tumorcharakteristika wie die Wachstumsrate oder das Potential eines Tumors zu metastasieren sind nicht völlig unabhängige Variable. Tumoren mit hoher Wachstumsrate weisen ein hohes metastatisches Potential auf. Beide, Wachstumsrate und metastatisches Potential, sind eng mit dem Tumorstadium zum Zeitpunkt der Diagnosestellung verbunden.

Im Tumorgrad spiegeln sich sowohl Wachstumsrate als auch metastatisches Potential eines Prostatakarzinoms wider. Jedoch im Gegensatz zu den Erwartungen hat sich gezeigt, daß z. B. der Gleason-Grad alleine nicht ausreicht, um das Vorhandensein von Lymphknotenmetastasen vorhersagen zu können [46].

In einem computerassistierten Modell wurde die unterschiedlich runde Form der Zellkerne als prognostischer Faktor untersucht [47]. Die Tumorploidie ist ein anderes Tumorcharakteristikum, das heute meist automatisiert mit Hilfe der Flow-Zytometrie bestimmt wird. Sie ist als einzige unabhängige prognostische Variable nicht ausreichend.

Die wichtigste klinische Untersuchungsmöglichkeit zur Prüfung des metastatischen Potentials eines Prostatatumors ist die Entfernung regionärer Lymphknoten. Jedoch ist diese Untersuchung von begrenztem Wert, wenn keine Lymphknotenmetastasen gefunden werden. Es können trotzdem Lymphknotenmetastasen vorhanden sein, und verborgene hämatogene Metastasen sind nicht auszuschließen.

Die Radiosensitivität eines Prostatakarzinoms ist unterschiedlich. Es gibt Berichte, wonach undifferenzierte Tumoren radiosensitiver wären als differenzierte. In den meisten Behandlungsserien war jedoch die Bestrahlungsbehandlung bei undifferenzierten Tumoren nicht wesentlich erfolgreicher. Wahrscheinlich ist dies eher Ausdruck der biologischen Aggressivität eines schlecht differenzierten Tumors als sein Mangel an Radiosensitivität.

Die Messungen des nukleären Androgenrezeptorgehaltes zeigten, daß bei ausreichend vorhandenen Dihydrotestosteron-Rezeptoren (DHT) im Tumor ein günstiger Effekt nach Androgenentzug erzielt werden konnte. Wenn jedoch Rezeptorprotein nicht oder nur in geringen Mengen vorhanden war, war ein klinisches Ansprechen der kontrasexuellen Therapie nicht zu erwarten [48].

Um die Effizienz verschiedener Therapieformen beim Prostatakarzinom zu beurteilen, ist es notwendig, den Verlauf bei unbehandelten Patienten in jedem einzelnen Stadium zu kennen. Für unbehandelte Patienten sind die vorhandenen Daten unzureichend. Es gibt Informationen über Progressionsraten und Mortalitätsraten von behandelten und einzelnen unbehandelten Patienten in verschiedenen Stadien. Diese Zahlen werden durch unterschiedlichen Tumorgrad, Alter und Allgemeinzustand der Patienten beeinflußt.

Patienten mit einem Prostatakarzinom im klinischen Stadium A1 (T0a) werden nur in ca. 8% Fernmetastasen entwickeln, und 2% werden wegen ihres Prostatakarzinoms innerhalb von 5–10 Jahren versterben [49]. Bei älteren Patienten kann daher in diesem Stadium abwartend überwacht werden. Man empfiehlt, jüngere Patienten wegen ihrer höheren Lebenserwartung eher zu behandeln.

Im klinischen Stadium A2 werden 30% der Patienten Fernmetastasen entwickeln, und fast 20% sterben am Prostatakarzinom innerhalb von 5–10 Jahren. Hier muß eine definitive Behandlung bereits zum Diagnosezeitpunkt einsetzen.

Patienten im klinischen Stadium B1 (T1) entwickeln in ca. 35% der Fälle Fernmetastasen innerhalb von 5 Jahren, und 20% versterben an Prostatakarzinom. Im Stadium B2 (T2) treten bei 80% der Erkrankten Fernmetastasen innerhalb von 5–10 Jahren auf, 70% sterben an ihrem Prostatakarzinom.

Im klinischen Stadium C (T3) entwickeln mehr als 50% der Patienten Fernmetastasen innerhalb von 5 Jahren, und 75% versterben innerhalb von 10 Jahren [50].

85% der Patienten im Stadium D1 (T4) entwickeln Fernmetastasen innerhalb von 5 Jahren; die Mehrheit der Patienten verstirbt in einem Zeitraum von 3 Jahren. Im Stadium D2 (T4N1) sterben 50% innerhalb von 3 Jahren, 80% innerhalb von 5 Jahren und 90% innerhalb von 10 Jahren.

Patienten mit erhöhter saurer Phosphatase, Metastasierung in den proximalen Oberschenkelknochen oder pulmonalen Metastasen haben eine wesentlich schlechtere Prognose.

Tritt bei Patienten trotz adäquater endokriner Behandlung ein Rezidiv auf, sterben 90% innerhalb von 2 Jahren [51], die meisten jedoch innerhalb des ersten Jahres.

Klinik und Symptomatik

Zu Beginn der Erkrankung kann die Symptomatik gänzlich fehlen. Die einzige klinische Manifestation des Karzinoms mag eine Verhärtung in der Prostata bei der rektalen Palpation sein. Die Induration ist bei den meisten Tumoren tastbar, kann aber in manchen Fällen sehr subtil sein.

Die normale Prostata hat die Größe einer Walnuß oder einer kleinen Pflaume mit einer der Nasenspitze vergleichbaren Konsistenz. Das Prostatakarzinom hat eine harte Konsistenz – wie ein Fingergrundgelenk –, ist als kleiner Knoten tastbar oder gleichmäßig hart über die gesamte Drüse verteilt. Überschreitet der Tumor die Kapsel, sind die Organgrenzen unscharf; die Samenblase, die normalerweise nicht palpierbar ist, wird hart, vergrößert und fixiert.

Eine beträchtliche Anzahl von Patienten mit Prostatakarzinom entwickelt eine subvesikale Obstruktion und in ca. 25 % eine akute Harnretention [52]. Das Prostatakarzinom kann gleichzeitig mit einer benignen Prostatahyperplasie auftreten, wobei hier der Tumor häufig nicht die Ursache für die Obstruktion darstellt. In diesen Fällen wird der Tumor nicht durch die rektale Palpation, sondern durch die histologische Untersuchung des Prostatagewebes nach einer Operation entdeckt (inzidentelles Karzinom).

Das Auftreten einer Hämaturie beim alleinigen Karzinom ist ungewöhnlich. Wenn vorhanden, ist sie zumeist durch eine gleichzeitig bestehende Obstruktion oder Infektion oder beides verursacht. Häufig wird die Symptomatik durch die Fernmetastasierung mit Knochenschmerzen oder durch Gewichtsverlust, Anämie, Dyspnoe, Lymphödem, neurologische Symptomatik und Lymphadenopathie bestimmt.

Diagnostik

Prostatabiopsie

Bei geringstem Verdacht auf Prostatakarzinom ist die Biopsie des Gewebes indiziert. Die Entnahme erfolgt entweder mit Hilfe einer Stanzbiopsie, einer Feinnadel-Saugbiopsie oder selten durch transurethrale Elektroresektion.

Zur **Stanzbiopsie** werden zwei verschiedene Nadelsysteme, die Tru-Cut oder die Silverman-Nadel, verwendet. Der Zugang erfolgt entweder transrektal oder transperineal. Der Vorteil der transrektalen Methode ist die bessere Plazierung und Orientierung bei einem Knoten in der Prostata, und sie bedarf keiner Anästhesie (Abb. 4). Nachteile sind die relativ hohe Anzahl septischer Komplika-

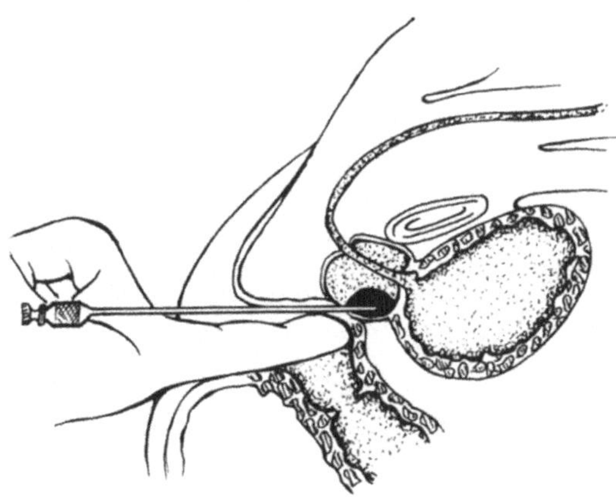

Abb. 4. Transrektale Stanzbiopsie unter digitaler Kontrolle [19]

                         C. P. Schmidbauer

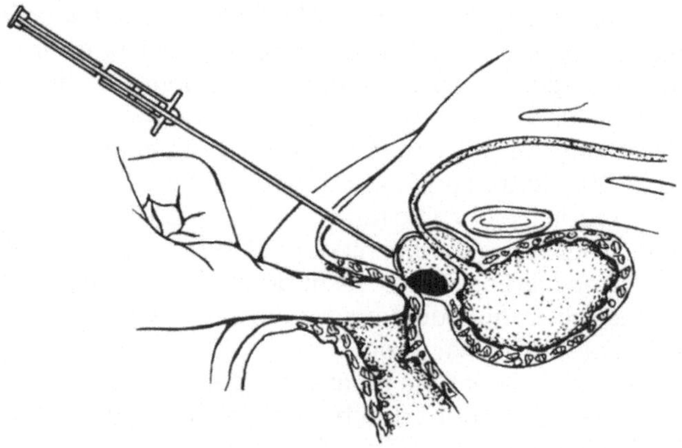

Abb. 5. Transperineale Stanzbiopsie unter digitaler Kontrolle [19]

tionen (5–38%) und Blutungen von hämorrhoidalen Gefäßen. Nach der Punktion werden in bis zu 85% positive Blutkulturen gefunden, ohne jedoch zu klinisch manifesten Infektionen zu führen [53]. Bei gründlicher Reinigung des Enddarms und unter perioperativer Kurzzeitprophylaxe ist die Stanzbiopsie eine sichere Methode mit einer annehmbaren Komplikationsrate. Eine Implantation von Tumorzellen entlang des Stichkanals wurde kaum beobachtet.

Die transperineale Methode hat eine geringere Komplikationsrate, aber die Manipulation der Nadel in das suspekte Areal ist schwieriger und benötigt mehr Übung (Abb. 5).

Die **Feinnadelbiopsie** hat zunehmende Verbreitung gefunden und wird ohne Anästhesie beim ambulanten Patienten durchgeführt. Der Zugang ist ebenso transrektal. Die Punktion erfolgt mit der sog. Frantzen-Nadel. Über eine dünne Führung wird eine Nadel in die suspekte Läsion eingestochen und die gesamte Region fächerförmig abgesaugt, um ausreichend Zellmaterial zu erhalten (Abb. 6).

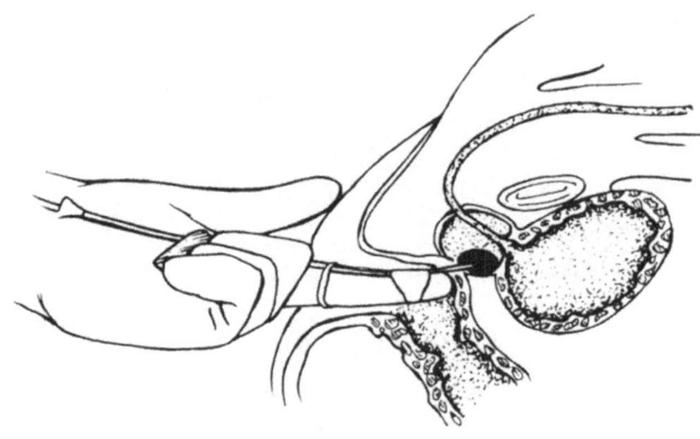

Abb. 6. Feinnadel-Saugbiopsie [19]

Die Sensitivität der Methode beträgt in manchen Serien bis 98%, während mit der Stanzmethode nur 81% erreicht wurden [33].

Die **transurethrale Resektion (TUR)** wird zur Diagnoseerstellung des frühen Prostatakarzinoms für ungeeignet gehalten, weil bei bis zu 92% der Patienten der größte Tumoranteil in der Peripherie liegt. Die Fehlerquoten transurethraler Biopsien liegen bei 50% und darüber. Bei Patienten mit ausgedehnten großen Tumoren ist die TUR zur Sicherung der Diagnose geeignet.

Zytologische Untersuchung des Prostatasekrets

Bei zwei von drei Patienten mit Prostatakarzinom werden im Prostatasekret Karzinomzellen gefunden. Diese zytologische Untersuchung wird jedoch allgemein als ungeeignet erachtet, um die Diagnose Prostatakarzinom zu stellen oder um ein Prostatakarzinom auszuschließen [54].

Radiologische Untersuchung

Zu den wesentlichen radiologischen Untersuchungsmethoden zählt das Thoraxröntgen und die IV-Urographie. Sowohl Thoraxaufnahmen als auch die Übersichtsaufnahme vor der IV-Urographie können auf Knochenmetastasierung hinweisen. Beim Prostatakarzinom kommt die osteoblastische Metastasierung häufiger vor als die gemischte und diese wiederum häufiger als osteolytische metastatische Knochendestruktionsherde. Lungenmetastasen werden häufig erst bei der Autopsie in etwa 25% gefunden; klinisch werden sie meist nur zu etwa 10% erkannt. Die Kontrastdarstellung des unteren Harntraktes gibt Hinweise für eine Verdrängung der Harnblase im Bereich des Blasenbodens, für eine Harnstauung aufgrund einer subvesikalen oder einer ureteralen Obstruktion sowie einer Verdrängung des Harnleiters.

Lokale Abklärung

Mit Hilfe der Nadelbiopsie wird das lokale Tumorstadium bestimmt; mit Hilfe der Feinnadel-Aspirationsbiopsie kann der Befall regionaler pelviner Lymphknoten bestimmt werden. Die Feinnadelbiopsie unter radiographisch oder computertomographisch gezielter Punktion ist eine weitere Möglichkeit, positive Lymphknoten zu verifizieren, aber nicht Lymphknotenmetastasen auszuschließen.

Zystoskopisch kann man die Hebung des Blasenhalses, eine Obstruktion und die Rigidität der prostatischen Harnröhre beurteilen.

Die Knochenmarksaspiration ist nur dann wertvoll, wenn radiographisch unklare Veränderungen zu verifizieren wären. Auch hier ist nur ein positives zytologisches Ergebnis verwertbar.

Staging mittels transurethraler Prostataresektion

Bei Patienten mit klinischem Stadium A1-Prostatakarzinom wird eine wiederholte transurethrale Elektroresektion der Prostata zur Identifizierung eines eventuellen Resttumors als sinnvoll erachtet. Eine sog. Quadrantenresektion zur leichteren Identifikation eines inzidentellen Prostatakarzinoms bietet den Vorteil, einen Resttumor einfacher nachresezieren zu können. Aufgrund anderer Serien scheint es jedoch, daß mit diesen Nachresektionen nur 5% der Patienten von Stadium A1 in A2 übergehen, ohne daß sie einen schlechteren Verlauf aufweisen [65].

Prostatasonographie

Die transrektale, transurethrale und transabdominale Sonographie wurde vielfach hinsichtlich ihrer Wertigkeit zur Diagnostik des Prostatakarzinoms bzw. zur Stadieneinteilung untersucht. Sonographisch finden sich in der Prostata hyper-, iso- und hypoechogene Zonen. Es gelang bisher nicht im sonographischen Befund zwischen malignem oder benignem Prostatagewebe zu differenzieren. Außerdem kann erst eine Tumorgröße über 12 mm sonographisch erfaßt werden [19].

Computertomographie der Prostata

Die Computertomographie (CT) kann zwar die Prostata und ihre umgebenden Strukturen, wie Harnblase und Samenbläschen, differenzieren; sie ist jedoch nicht in der Lage, lokoregionäre Tumorstadien zu differenzieren und eine Kapselinfiltration ein- oder auszuschließen. Die Computertomographie stellt organüberschreitende Tumoren relativ gut dar und ist von großem Wert für die Planung einer Radiotherapie. NMR-Untersuchungen (nuclear magnetic resonance) der Prostata sind derzeit noch im experimentellen Stadium.

Knochenszintigraphie

Die Knochenszintigraphie ist die empfindlichste Methode, um Knochenmetastasen nachzuweisen. Technetium 99 wird in allen Knochenumbauzonen aufgenommen. Die falsch-negativen Ergebnisse liegen unter 2%. Die Knochenszintigraphie sollte immer vor einem Skelettröntgen durchgeführt werden, und nur unklare Befunde werden mit einem Skelettröntgen oder einer Knochenmarksbiopsie überprüft. Die Knochenszintigraphie ist die ideale Untersuchung zur Nachkontrolle einer effizienten kontrasexuellen Therapie.

Skelettröntgen

30–50% des Knochens müssen durch Tumor ersetzt sein, bevor routinemäßige Skelettaufnahmen positiv werden [57]. Daneben ist es noch schwierig, osteoblastische Metastasen von Kompakta-Inseln oder Morbus Paget in seiner sklerotischen Form zu differenzieren.

Osteoblastische Metastasen können kleiner werden oder sich bei endokriner Behandlung völlig auflösen. Osteoklastische Metastasen können verheilen und rekalzifizieren und dann wie vergrößerte osteoblastische Metastasen aussehen.

Lymphknotenstatus

Die lymphoregionäre Abklärung befallener oder nicht befallener Lymphknoten ist schwierig. Die Inzidenz der Lymphknotenmetastasen korreliert nicht nur mit dem Tumorstadium, sondern auch mit dem Tumorgrad. In einer Literaturübersicht [58] wird im Stadium A1 in 2%, im Stadium A2 in 23%, im Stadium B1 in 18%, im Stadium B2 in 35% und im Stadium C in 46% ein metastatischer Lymphknotenbefall berichtet.

In der **Lymphangiographie** erscheinen die Fremdgewebsinfiltrate wie Füllungsdefekte. Sie ist jedoch eine Methode mit ungenügender Sensitivität und Spezifität. Es wurde eine globale Treffsicherheit von 73% bei 25% falsch-negativen und 32% falsch-positiven Resultaten berichtet [59]. Zum Teil wurden durch die Lymphangiographie nur 50% der Metastasen entdeckt [60]. Die Lymphangiographie ist zumeist nicht in der Lage, hypogastrische oder präsakrale Lymphknoten darzustellen, ebensowenig wie sie mikroskopische Metastasen nachweisen kann.

Auch die **Computertomographie (CT)** scheint nur in ca. 50% in der Lage, Lymphknotenmetastasen zu entdecken. Außerdem ist sie mit einer falsch-positiven Rate von etwa 10% behaftet [61, 62]. Die Feinnadel-Saugbiopsie unter CT-Kontrolle kann bei gezielter Fragestellung die Trefferquote verbessern. Wie mit der Lymphangiographie ist es mit der Computertomographie nicht möglich, mikroskopische Metastasen zu entdecken. Falsch-positive Ergebnisse haben ihre Ursache oft in vergrößerten, nicht maligne infiltrierten Lymphknoten, Darmschlingen oder Blutgefäßen.

Die **pelvine Lymphadenektomie** wäre an sich die genaueste Untersuchungsmethode mit einer theoretisch 100%igen Sensitivität und Spezifität. Voraussetzung hiefür wäre jedoch ein äußerst aufwendiger patho-histologischer Untersuchungsgang, der nur selten durchgeführt werden kann. Eine sog. limitierte Lymphadenektomie, bei der nur die Lymphknoten medial der äußeren Iliakalgefäße entfernt werden, soll mit den Ergebnissen einer Standardlymphadenektomie ohne deren Gesamtmorbidität vergleichbar sein [63]. Postoperative Komplikationen wurden in 20–35% beschrieben [19]. Die Frage einer kurativen Lymphadenektomie wird sehr kontrovers beurteilt und ist letztlich nicht geklärt [64].

Saure Phosphatase

Die saure Phosphatase wird in den Drüsenzellen der Prostata produziert und mit der Samenflüssigkeit ausgeschieden. Ihre Konzentration ist im Prostatasekret ungefähr 500–1000mal höher als im Serum. Sie kann jedoch bei verschiedenen

Erkrankungen, wie Prostatitis, Osteosarkom, Mammakarzinom, Prostatakarzinom, etc. ebenfalls erhöht sein. Von größerer Bedeutung ist das Isoenzym 2, die sog. **prostataspezifische saure Phosphatase (PAP).** Zur Bestimmung der prostataspezifischen Phosphatase stehen die katalytische Bestimmung mit Tartrathemmung, Enzymimmuno-(EIA), Immunoenzym-(IEA) und Radioimmuno-Assays (RIA) zur Verfügung. Die Sensitivität dieser Methoden liegt zwischen 75% (Substratmethode) und 91% (RIA) für das metastasierende Prostatakarzinom (T4N1). Für das Stadium A ist die Sensitivität nur 22%, im Stadium B 50% und im Stadium C 90% [55]. Heute ist die immunochemische Bestimmung der zuverlässigste Parameter für metastasierende Prostatakarzinome; sie ist Enzymimmuno-Assays bei der Verlaufskontrolle etwas überlegen. Die Sensitivität des Immunoenzym-Assays ist bei M1-Tumoren vergleichbar der Sensitivität des Skelettszintigramms. Ein Prostatakarzinom-Screening ist auch mit der Enzymimmuno-Assay-Methode nicht möglich [55].

Alkalische Phosphatase

Die Titer der alkalischen Phosphatase sind häufig höher als jene der prostataspezifischen Phosphatase bei lymphogen und hämatogen metastasierenden Prostatakarzinomen. Die alkalische Phosphatase ist jedoch weniger spezifisch als die PAP. Vielfach wurde eine sog. „Flare-Response" beobachtet. Darunter versteht man das vorübergehende Ansteigen und dann graduelle Abfallen zu normalen Werten bei Patienten mit klinischer Remission nach Einleitung einer endokrinen Therapie.

Prostataspezifisches Antigen (PSA)

Das prostataspezifische Antigen kann vor oder während einer Progressionsphase zu mehr als 95% erhöht sein. Bei Ansprechen der androgenopriven Therapie kommt es zur Normalisierung der PSA-Werte. Sie spiegeln zumeist korrekt den klinischen Verlauf wider [56]. Es besteht eine gute Korrelation von erhöhten PSA-Werten mit dem Tumorvolumen (Tabelle 2).

Tabelle 2. Prognostische Wertigkeit präoperativer Serum-PSA-Werte bei 102 radikalen Prostataektomiepräparaten (nach Stamey TA, AUA-Meeting, Boston, 1988)

	PSA (ng/ml)			
	<10 (n=45)	10–20 (n=28)	20–50 (n=20)	>50 (n=9)
Samenblaseninfiltration (%)	2	11	45	89
Lymphknotenmetastasen (%)	0	14	15	67
Mittleres Tumorvolumen (ccm)	2,6	5,6	10,1	20,9
SE	±0,4	± 0,9	± 1,6	± 3,8
p-Wert		<0,002	<0,008	<0,005

PSA prostataspezifisches Antigen; *SE* Standard Error

Stadieneinteilung

In Europa und den Vereinigten Staaten konkurrieren zwei verschiedene Klassifikationssysteme beim Prostatakarzinom. In Amerika wird das sog. Whitmore-Jewett-System verwendet, ein System mit vier Gruppen, die durch die Buchstaben A bis D gekennzeichnet sind. Langsam scheint sich auch das in Europa verwendete TNM-System der UICC durchzusetzen. Um die in dieser Publikation zitierten Daten aus den verschiedenen Literaturbereichen vergleichen zu können, wird eine Gegenüberstellung der beiden Klassifikationssysteme unternommen (Abb. 7).

Das Tumorstadium A (T0) entspricht einem lokalisierten Prostatatumor, der bei rektaler palpatorischer Untersuchung unbemerkt geblieben ist. Dieser Tumor wird in ca. 10% als inzidentelles Prostatakarzinom nach Prostatektomie oder transurethraler Elektroresektion der Prostata gefunden. Werden histologische Schnitte in mehreren Stufen angelegt, erhöht sich dieser Prozentsatz auf 20% [66].

Prostatakarzinome im Stadium A sind auf die Prostata beschränkt, und die Werte der sauren Phosphatase bleiben im Normbereich.

Eine Untergruppe ist das Stadium A1 (T0a). Darunter versteht man einen fokalen Tumor mit immer guter Differenzierung, der nur in 2% progredient wird. Ist ein solcher Tumor schlecht differenziert, wird er bereits als A2(T0b)-Tumor

Tabelle 3. Klassifizierung der lymphogenen und hämatogenen Tumorausbreitung
(UICC-TNM, Springer, Berlin, Heidelberg, 1985)

N – Regionäre und juxtaregionäre Lymphknoten

N0	Kein Anhalt für Befall regionärer Lymphknoten
N1	Befall eines einzelnen homolateralen regionären Lymphknotens
N2	Befall kontralateraler oder bilateraler oder multipler regionärer Lymphknoten
N3	Fixierte regionäre Lymphknoten (fixierte Masse an der Beckenwand; mit einem freien Raum zwischen der Masse und dem Tumor)
N4	Befall juxtaregionärer Lymphknoten
NX	Die Minimalerfordernisse zur Beurteilung der regionären und/oder juxtaregionären Lymphknoten sind nicht erfüllt

M – Fernmetastasen

M0	Kein Anhalt für Fernmetastasen
M1	Fernmetastasen vorhanden
MX	Die Minimalerfordernisse zur Beurteilung von Fernmetastasen sind nicht erfüllt

MODIFIZIERT WHITMORE - JEWETT	UICC	Amerikanisches System (AJS)		TNM/UICC	MODIFIZIERT WHITMORE - JEWETT	UICC
A1*	T0a	A	Zufällig entdecktes Ca im OP-Präparat (GI - GIII) = inzidentelles Ca	T0	C1	T3
A2	T0b	A1	90% histologisch hochdiff. fokales GI - Ca maximal 10% des Biopsievolumens	T0a	C2	T4
*Schlecht-differenziert=A2		A2	Histologisch mäßig bis schlecht diff. Ca mit Biopsievolumen mehr als 10% und diffuser Ausbreitung	T0b		
	T1A	B	Palpatorisch auf Prostata begrenzt, intakte Kapsel	T1	D1	N+
B1	T1B	B1	Kleiner Knoten (kleiner als 1,5cm im ø in einem Lappen)	T1a,b		
	T1C	B2	Größer als 1,5cm im ø in einem oder beiden Lappen	T1c, T2	D2	M+
		C	Kapselüberschreitendes Ca	T3		
		C1	Kein Befall der Samenblasen, Tumordurchmesser kleiner als 6cm	T3		
	T2	C2	Befall der Samenblasen, Tumordurchmesser größer als 6cm	T4		
B2		D	Ca mit Metastasen	T4		
		D1	Befall von Beckenlymphknoten, Harnleiter - obstruktion, Harnstauungsniere	T4N2/3M0		
		D2	Skelettmetastasen - iuxtaregionale Metastasen	T4N4M1		

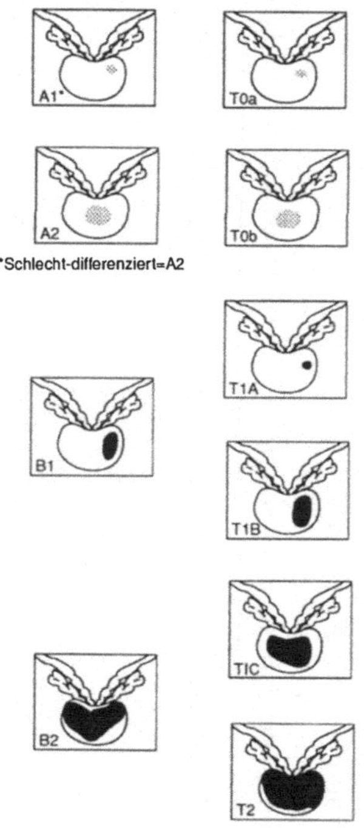

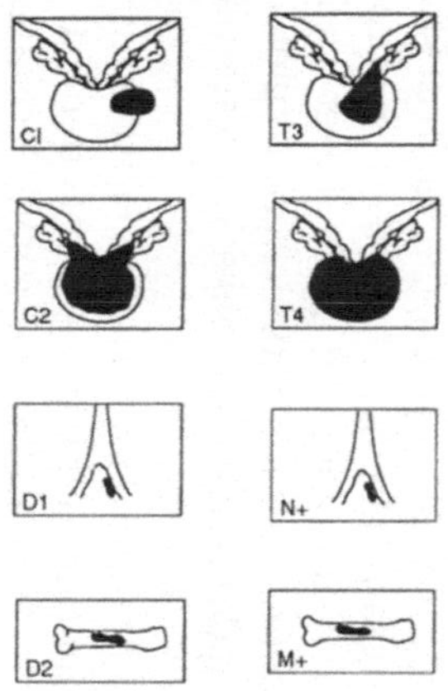

Abb. 7. Klassifizierung der lokalen und systemischen Tumorausbreitung [19]

bezeichnet. Üblicherweise kommt ein A2-Karzinom multifokal vor und hat einen mäßig bis schlechten Differenzierungsgrad. Dieser Tumor weist eine 33%ige Progressionsrate auf [49].

Das Stadium B1 entspricht im wesentlichen dem T1-Stadium (UICC) mit folgenden Untergruppierungen: T1a: Tastbarer Tumor $<$ 1 cm, innerhalb der Prostatakapsel; T1b: Tumor entspricht einer Induration $>$ 1 cm, auf einen Prostatalappen begrenzt; T1c: Induration in beiden Prostatalappen, jedoch innerhalb der Prostatakapsel.

Das Stadium B2 entspricht im wesentlichen dem T2-Stadium (und T1c) und bezeichnet eine Kapselinvasion des Prostatatumors ohne Penetration.

Stadium C (T3) definiert ein Prostatakarzinom, das die Prostatakapsel bereits überschritten hat und bei dem eine Samenblaseninfiltration möglich ist.

Im Stadium D (T4) ist das Prostatakarzinom im periprostatischen Gewebe fixiert, und benachbarte Organe können infiltriert sein.

Die N-Kategorie bestimmt die lymphogene Ausbreitung, die M-Kategorie die hämatogene Ausbreitung (Tabelle 3).

Nach 165 radikalen Prostatektomien und histologischer Aufarbeitung mit Stufenschnitten fand sich folgende Verteilung über die verschiedenen Tumorstadien: T1 7%, T2 22%, T3 gesamt 71,5% [67].

Therapieplanung

Die Therapieplanung hängt sehr wesentlich von einer genauen klinischen Definition, d. h. klinischen Stadienzuordnung des Tumors, ab. Irrtümer in der Stadeneinteilung wurden z. B. in 7% für das klinische Stadium A und in 56% für das klinische Stadium B berichtet. Eine Unterschätzung des Tumorstadiums kommt häufiger bei großen und bei schlecht differenzierten Tumoren vor. Auch über eine zu pessimistische Einschätzung des Tumorstadiums wurde berichtet, vor allem im Stadium C, wo 30% der Patienten einen intraprostatisch begrenzten Tumor aufwiesen. Eine pelvine Staging-Lymphadenektomie sollte immer dann durchgeführt werden, wenn eine kurative Behandlung eingeleitet werden könnte.

Therapie des Prostatakarzinoms

Behandlungskonzepte beim Prostatakarzinom werden entweder in **kurativer Absicht** oder als **palliative Maßnahmen** durchgeführt (Abb. 8). Ein kuratives Vorgehen ergibt sich bei einem auf die Prostata beschränkten Tumor oder bei einem lokoregionären Tumor mit nicht mehr uneingeschränkt kurativer Beeinflußbarkeit. Radikale Prostatektomie und Radiotherapie sind die kurativen Therapiemöglichkeiten beim Prostatakarzinom. Bei einer systemischen Ausbreitung mit einer durch Metastasen bedingten Symptomatik ist eine palliative Therapie mit dem Ziel der Tumoreindämmung und Verbesserung der Lebensqualität gerechtfertigt.

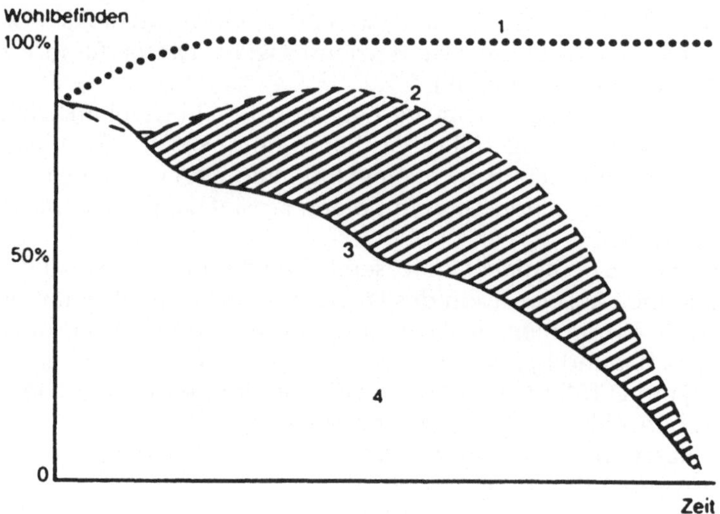

Abb. 8. Palliative Krebstherapie
(modifiziert nach Brunner, Nagel: Internistische Krebstherapie)
1 Erfolgreiche kurative Therapie; *2* Gut durchgeführte palliative Therapie; *3* Spontan-
verlauf bei nichtbehandelten Patienten; *4* Schlecht durchgeführte palliative Therapie,
die eine durch Nebenwirkungen bedingte Zustandsverschlechterung und eventuell
sogar eine Lebensverkürzung bringt

Radikale Prostatektomie

Die radikale Prostatektomie wurde 1905 von Young [68] erstmals publiziert.
Patienten mit einem auf die Prostata beschränkten Tumor sind die idealen Kandi-
daten für die radikale Prostatektomie.

Die Untergruppen A1 und A2 des klinischen Stadiums A (T0) unterscheiden
sich durch ihr beträchtliches biologisches Potential. Während ältere Patienten
mit einem Karzinom im Stadium A1 keine definitive Behandlung benötigen,
muß man darauf hinweisen, daß jüngere Patienten in diesem Stadium infolge
ihrer längeren Lebenserwartung ein höheres Progressionsrisiko haben. Heute ist
man der Meinung, daß die sog. potenzerhaltende radikale Prostatektomie eine
legitime Behandlungsmöglichkeit darstellt, auch wenn sie bei diesem Tumorstadium übertrieben sein könnte. Für das Stadium A2 ist wohl die radikale
Prostatektomie die Therapie der Wahl, auch wenn man weiß, daß hier schon bis
zu 25% der Patienten Lymphknotenmetastasen bei schlecht differenzierten
Tumoren haben. Trotzdem scheinen verschiedene Ergebnisse jenen rechtzu-
geben, die behaupten, daß die radikale Prostatektomie die Progressionsraten
und Mortalitätsraten von Patienten im Stadium A2 senken kann [69].

Die besten Ergebnisse, bezogen auf tumorfreie Überlebensraten, werden
durch die radikale Prostatektomie im klinischen Stadium B erzielt. Walsh und
Jewett [70] berichteten eine 15jährige tumorfreie Überlebensrate von 51%.

Diese Überlebensraten sind mit den zu erwartenden Erlebensraten der Allgemeinbevölkerung ohne Prostatakarzinom vergleichbar. Hier muß man darauf hinweisen, daß Patienten, die für größere Eingriffe fit sind, eine Lebenserwartung haben, die besser ist als jene einer vergleichbaren Bevölkerungsgruppe.

Die Überlebensraten von Patienten mit auf die Prostata beschränkten B2-Tumoren sind mit jenen im klinischen Stadium B1 vergleichbar [71]. Die lokale Tumorgröße mit Kapselinfiltration beeinflußt den Prozentsatz regionärer Lymphknotenmetastasen. Es scheint, daß die radikale Prostatektomie in diesem Stadium die Überlebensraten nicht verlängert, jedoch die Progressionsrate verringert bzw. das tumorfreie Intervall verlängert [72, 73].

Patienten mit Prostatakarzinom im klinischen Stadium C haben schlechte Voraussetzungen für eine radikale Prostatektomie, auch wenn tumorfreie Überlebensraten über lange Zeitintervalle berichtet wurden. In verschiedenen Serien mit adjuvanter Östrogentherapie wurden 10-Jahres-Überlebensraten bis zu 75% publiziert [74– 76]. Zincke et al. [77] berichteten über eine 65%ige 5-Jahres-tumorfreie-Überlebensrate von Patienten im Stadium C, die mit radikaler Prostatektomie und teilweise mit adjuvanter hormoneller oder mit Strahlentherapie oder beidem behandelt wurden. Insgesamt ist es aber unwahrscheinlich, Tumoren, die bereits die Prostatakapsel infiltriert haben, mit einer radikalen Prostatektomie alleine heilen zu können. Auch die spärlichen Berichte, wonach eine radikale Prostatektomie zur Prophylaxe einer subvesikalen Obstruktion gerechtfertigt wäre, sind fraglich.

Mehr als 75% aller Prostatakarzinompatienten im Stadium D1 entwickeln unter verschiedenen palliativen Therapieformen Fernmetastasen. Es gibt nur unzureichend Zahlen über die Sinnhaftigkeit einer radikalen Prostatektomie mit pelviner Lymphadenektomie im Stadium D1. Anhaltspunkte, wonach die Patienten eine geringere Inzidenz an Fernmetastasen aufwiesen, wenn sie so behandelt wurden, als Patienten, bei denen die Prostata in situ belassen wurde, gibt es. Insgesamt ist jedoch die Anwendbarkeit der radikalen Prostatektomie beim Stadium D1 durch die Tatsache limitiert, daß die meisten Patienten bereits Lymphknotenmetastasen und lokales extraprostatisches Tumorwachstum aufweisen.

Zusammenfassend unterstützen die vorhandenen Daten die Hypothese, daß die chirurgische Exstirpation des auf die Prostata begrenzten malignen Tumors unter optimaler Verwendung aller derzeit vorhandenen Staging-Möglichkeiten die höchste Wahrscheinlichkeit darstellt, diese Erkrankung zu heilen.

Die gegenwärtige Technik der radikalen Prostatektomie ist ein einzeitiges Verfahren über einen retropubischen Zugang. Es ist das Verdienst von Walsh [78], das genaue Operationsvorgehen für eine Erhaltung der Potenz aktualisiert zu haben. Der perineale Zugang scheint zunehmend an Verbreitung zu verlieren. Die Mortalitätsraten dieser Operation konnten in jüngster Zeit deutlich gesenkt werden und liegen bei etwa 1% [79]. Auch die Inkontinenzraten sollten heute weit unter 10% liegen [80]. Häufiger sind Strikturen an der vesikourethralen Anastomose, die in 2–23% bei Nachuntersuchungen gefunden wurden [80, 81]. Über intraoperative Verletzungen des Rektums wurde in einer Häufigkeit von bis zu 7% berichtet [80]. Diese Verletzungen können meist sofort verschlossen werden, ohne daß sie zu einem Abbruch der Operation führen müssen.

In 10% ergeben sich postoperative thromboembolische Komplikationen, Lymphozelen, Lymphödem und Wundinfektionen. Die erektile Impotenz sollte mit Hilfe der Walsh'schen Technik gering sein [82]. In den USA hatte sich die Wiederherstellung der postoperativen sexuellen Potenz mit Hilfe von sog. Penisprothesen weitverbreitet durchgesetzt. Jedoch ist diese Behandlungsform in letzter Zeit durch die Möglichkeiten der intrakavernösen Injektionstherapie mit vasoaktiven Substanzen in den Hintergrund getreten.

Strahlentherapie

Mit der Entwicklung moderner Tele-Kobaltgeräte, Linear- und Kreisbeschleuniger sowie durch Anwendung schneller Neutronen ist es gelungen, unter relativer Schonung des Nachbargewebes hohe Strahlungsdosen an den Karzinomherd heranzubringen. Als Bestrahlungsverfahren stehen die externe und die interstitielle Radiotherapie sowie eine Kombination aus beiden zur Verfügung. Der therapeutische Einsatz der Strahlentherapie kann kurativ sein. Die Beurteilung des kurativen Wertes der Bestrahlung ist jedoch schwierig und muß sich an folgenden Parametern orientieren: völlige Ausrottung des Karzinoms (die sog. lokale Tumorkontrolle), tumorfreie Überlebenszeit bzw. Todesraten und Komplikationsraten. Der Effekt der Strahlentherapie wurde bisher nach Autopsien oder mit Hilfe wiederholter Biopsien verifiziert. Es ist nach einer Strahlentherapie schwierig, bei einem lokal wieder manifest werdenden Karzinom einen Rezidivtumor von einem Residualtumor zu differenzieren.

Nach Strahlentherapie ist die lokale Kontrolle des Tumors oft nur sehr vage definiert. Sie wird in 80–90% der Patienten im Stadium A oder B berichtet [83, 84]. Unter Behandlungsversagern versteht man ein Auftreten von Fernmetastasen, lokale Tumorprogression oder beides. Die Versagerquote liegt zwischen 20% und 35%, wobei Fernmetastasen einen 10%igen Anteil haben. Komplette Tumorregression wurde im Stadium B bei 27% der Patienten nach 6 Monaten und 74% nach 18 Monaten berichtet [84].

Die Kontrolle des lokalen Tumors korreliert mit dem Tumorgrad, wobei gut differenzierte Tumoren besser als schlecht differenzierte Tumoren ansprechen [85].

Die Überlebensraten über lange Beobachtungszeiten sind am besten in der Bestrahlungsserie der Stanford Universität dokumentiert: klinisches Stadium A und B 78% nach 5 Jahren, 57% nach 10 Jahren und 39% nach 15 Jahren [86]. In der gleichen Serie war die Überlebenszeit für Patienten im Stadium C 59% nach 5, 40% nach 10 und 30% nach 15 Jahren. Die höchste Überlebensrate für das Stadium C von 75% nach 5 und von 63% nach 10 Jahren wurde von Cupps et al. [87] berichtet. Bagshaw [86] berichtet eine 5-Jahres-Überlebensrate von 58% für Patienten im Stadium D1.

Die tumorfreie Überlebensrate ist wahrscheinlich von großer Wichtigkeit für die Beurteilung der Lebensqualität, aber auch für die Effektivität der Strahlentherapie beim Prostatakarzinom. Die günstigsten 5-Jahres-tumorfreien-Überlebensraten sind 80% bei Stadium B-Tumoren [88], davon 70% für das Stadium B1 und nur 39% für das Stadium B2 [89]. Für das Stadium C war die Rate 56% [88].

Nur 39% der Patienten mit positiven Lymphknoten wiesen ein lokal tumorfreies Intervall von 2 Jahren auf [90].

Viele Untersucher halten einen verzögerten Bestrahlungsbeginn für nachteilig und glauben, daß der Zeitverlust einen negativen Einfluß auf die Prognose haben könnte [91].

Eine Ausdehnung des Bestrahlungsfeldes auf die regionären Lymphknoten muß mit 5.000 Rad begrenzt werden, da der Darm eine beschränkte Strahlentoleranz aufweist. Mit dieser Dosis könnten kleinere primäre Tumoren behandelt werden unter dem theoretischen Aspekt, eine mikroskopische lymphogene Dissemination zu verhindern. Es wurde eine geringe Verzögerung im Nachweis von Fernmetastasen bei Patienten mit positiven Lymphknoten berichtet. Die 5-Jahres-Überlebensraten wurden jedoch nicht verbessert [72]. Andere Autoren wiederum fanden keinen therapeutischen Vorteil einer erweiterten Feldbestrahlung bei Prostatakarzinom [92].

Einfluß primärer transurethraler Resektion

Es wurden verkürzte 5-Jahres-tumorfreie-Intervalle bei Patienten im Stadium B und C nach vorangegangener transurethraler Resektion berichtet [89]. Es wurde auch berichtet, daß Patienten, deren Diagnose mit Hilfe der transurethralen Prostatektomie erstellt wurde, eine signifikant höhere Rezidivrate hätten als jene durch Nadelbiopsie diagnostizierten [93]. Wenn jedoch die Überlebensraten von Patienten nach transurethraler Elektroresektion und Nadelbiopsie entsprechend ihrem Tumorgrad und Lymphknotenstatus verglichen wurden, ergaben sich keine signifikanten Unterschiede [94]. Wegen der Sorge, durch die transurethrale Elektroresektion eine Tumordissemination zu induzieren, sollte bei subvesikaler Obstruktion eine transurethrale Resektion bei Patienten ohne Fernmetastasen vermieden werden.

Externe Strahlentherapie bei positiven Resektionsrändern nach radikaler Prostatektomie

Die Indikation zur externen Strahlentherapie bei positiven Tumorrändern oder lokalem Tumorrezidiv nach radikaler Prostatektomie gilt als gesichert [95]. Postuliert wird ein Beginn der Behandlung innerhalb von 4 Monaten nach radikaler Prostatektomie. Auch hier scheint die Strahlenbehandlung bei Patienten mit Lymphknotenmetastasen nutzlos zu sein [96].

Komplikationen der externen Röntgenbestrahlung

Komplikationsmöglichkeiten nach externer Röntgenbestrahlung sind nicht unerheblich. Gastrointestinale Nebenwirkungen bestehen in 30–40% und treten meist während der 4. Behandlungswoche auf. Meist sind das Durchfälle, rektales Druckgefühl und Tenesmen. Die Kupierung dieser Beschwerden gelingt mit Parasympatholytika und schlackenarmer Diät. Rektale Symptomatik führt lediglich bei 5% der Patienten zum Abbruch oder zur Unterbrechung der Therapie. Chronische intestinale Komplikationen bestehen bei etwa 12% und beinhalten chronische Durchfälle, rektale Ulzerationen, Strikturen und Fistelbildungen. Chirurgisches Eingreifen zur Behandlung dieser Probleme wird in weniger als 1% der Erkrankten erforderlich.

Von seiten des unteren Harntraktes kommt es häufig zu erhöhter Miktionsfrequenz, Dysurie, Mikro- und Makrohämaturie, weswegen die Behandlung in ca. 5% unterbrochen wird. Chronische Symptome bleiben bei 10% der Patienten bestehen; bei 4–8% entstehen Strikturen [84]. Inkontinenzraten wurden in 8% berichtet [97]. Um die Komplikationsrate möglichst gering zu halten, wird eine Verschiebung des Beginns der Strahlentherapie bis zu 4 Wochen nach einer transurethralen Elektroresektion oder 6 Wochen nach der offenen Chirurgie empfohlen.

Lymphödeme des äußeren Genitales oder der unteren Extremitäten treten relativ selten bei Patienten ohne gleichzeitiges Tumorrezidiv auf [98]. Zu einer erektilen Impotenz kommt es bei 40% der Patienten [84].

Interstitielle Strahlentherapie

Unter interstitieller Strahlentherapie versteht man ein Verfahren, bei dem die – meist freigelegte – Prostata mit Hilfe eines Applikatorsystems mit Radio-Isotopenkapseln gespickt wird. Als Radionukleide werden Jod 125, Gold 198 oder Iridium 192 verwendet.

Die Anwendbarkeit von Jod 125-Radioisotopen sollte auf Patienten mit kleinen Stadium B-Tumoren beschränkt bleiben. Jod 125 emittiert reine Gammastrahlung mit einer Halbwertszeit von ca. 60 Tagen. Theoretisch sollte die Jod 125-Implantation eine Bestrahlungsdosis von ca. 18.000 Rad an die Peripherie und 25.000 Rad in das Zentrum der Prostata während eines Jahres abgeben. Diese Dosis ist radiobiologisch einer externen 7.000-Rad-Bestrahlung über 7 Wochen äquivalent. Der offenen Jod 125-Implantation geht eine extraperitoneale pelvine Lymphadenektomie voraus. Eine Computeranalyse der postoperativen Röntgenbilder ist zur Kalkulation der Dosisverteilung nötig.

Die wenigen vorhandenen Daten der Jod 125-Implantationstherapie ergeben gute Überlebensraten im Stadium B und C, jedoch war die tumorfreie Überlebenszeit enttäuschend. Fast zwei Drittel hatten klinisch eindeutige Behandlungsmißerfolge innerhalb der ersten 5 Jahre, 11% wiesen lokale Rezidive auf, 19% hatten nur Fernmetastasen, und 32% wiesen Fernmetastasen und lokale Rezidivtumoren auf. Die 5-Jahres-Überlebensrate für Patienten im Stadium B war 87%, während das tumorfreie Intervall nur bei 64% lag. Bei Patienten im Stadium C war die Gesamtüberlebensrate 50%, die tumorfreie Überlebensrate nur 11% [99]. Die relativ guten Gesamtüberlebensraten können jedoch auch durch die Tatsache beeinflußt worden sein, daß Patienten nach einem Versagen der Therapie hormonell behandelt wurden. Nadelbiopsien der Prostata waren bei 33–55% der Patienten 12–18 Monate nach Jod 125-Implantation noch positiv [100].

Zu den Komplikationen der Jod 125-Implantation kommen intraoperative Komplikationen in ca. 6% vor und frühe postoperative Komplikationen in 23%. Akute Symptome des Harntraktes waren in 50% nachweisbar, besserten sich jedoch nach der Entlassung aus dem Spital. Zu späten Komplikationen (28%) zählten obstruktive Miktionsbeschwerden (12%), Ödem der unteren Extremitäten oder des Genitales (3%) und rektale Symptomatik (3%). Die Inkontinenzrate war 3%. Über erektile Impotenz klagen 7% in der postoperativen Periode und zusätzliche 3% nach Langzeitkontrollen [101]. Exzessivste postoperative Komplikationen traten nach zusätzlicher externer Bestrahlung auf [102]. Die Jod 125-Implantationsbehandlung wurde auch bei Tumorrezidiven, die nach externer Radiatio auftraten, durchgeführt. Der klinische Effekt ist bei einer kleinen Patientenzahl als günstig zu beurteilen, jedoch traten bei diesen Patienten schwere Komplikationen bei Tumoren mit großem Volumen auf [103].

Kombinierte interstitielle Behandlung mit Gold 198 und externer Bestrahlung sowie pelviner Lymphadenektomie

Die kombinierte interstitielle Behandlung mit Gold 198 und externer Strahlenbehandlung hat den Vorteil einer konzentrierten Strahlenbehandlung der Prostata, ergänzt durch externe Bestrahlung ohne höheres Komplikationsrisiko. Diese Form der interstitiellen Radiotherapie hat ein breiteres Anwendungsspektrum als die Jod 125-Implantationsbehandlung und schließt Patienten der klinischen Stadien A2, B und C1 in das Behandlungskonzept ein. Radioaktives Gold mit einer Halbwertszeit von 2,7 Tagen emittiert Beta- und Gammastrahlen. Dadurch ist es mit der ergänzenden externen Bestrahlung möglich, akute toxische Nebenwirkungen zu vermeiden. Gold-Implantate liefern etwa 3.000 Rad an die Prostata und an das sie direkt umgebende Gewebe über einen Zeitraum von ca. 3 Wochen. Die externe Bestrahlung ist auf die regionalen Lymphknoten konzentriert. Bei Patienten mit Metastasen wird eine Chemotherapie durchgeführt. Die Überlebensraten von Stadium B-Patienten waren vergleichbar mit anderen Behandlungsverfahren, jedoch war die 5-Jahres-Überlebensrate für das Stadium B1 (71%) geringer, als sie mit der radikalen Prostatektomie erreichbar ist (80%), aber besser als mit der Jod 125-Implantationstherapie (62%). Patienten im Stadium A2 war mit dieser Behandlung wenig gedient; keiner von ihnen blieb für 10 Jahre tumorfrei. Für diese Patienten wurde daher die adjuvante Chemotherapie empfohlen [104]. Patienten im Stadium C wiesen ein 5-Jahres-tumorfreies-Intervall von 46%, das vergleichbar der externen Radiotherapie alleine ist, auf. Die 10-Jahres-tumorfreie-Überlebensrate war 40%. Sie wäre damit besser als jene mit reiner externer Radiumbestrahlung [89]. Die 5-Jahres-Überlebensrate für Patienten im Stadium D1 war nur 30%. Trotz lokaler Tumorkontrolle durch diese kombinierte Therapie bei 94% der Patienten hatten 39% positive Nadelbiopsieergebnisse [104].

12% der Patienten litten an akuter Proktitis, die bei 4% über längere Zeiträume bestehen blieb. Blasenirritationen traten bei 40% auf und blieben bei 3% der Patienten manifest. Über erektile Impotenz klagten 30% der Patienten. Der

Prozentsatz von Lymphstau der unteren Extremität, genitalem Ödem und Lymphozelen war gering; thromboembolische Komplikationen traten in 10% der Patienten auf [104].

Interstitielle Iridium 192-Implantationstherapie

Iridium 192 ist ein Gammastrahler mit einer Halbwertszeit von 75 Tagen. Über hohle Nadeln werden transperineal Iridium 192-Drähte geladen. 6.000–7.000 Rad werden über 6 Tage lokal erreicht [105]. Mit den anderen Formen der Radiotherapie vergleichbare Ergebnisse sind rar. Nach Mitteilungen der University of Irvine (Kalifornien, 1986) waren die 5-Jahres-tumorfreien-Überlebensraten nicht besser als jene bisheriger Therapieformen, währenddessen die Komplikationsraten eher höher anzusetzen waren.

Prostatabiopsien nach Bestrahlung

Wegen der langsamen Regressionsrate des Prostatakarzinoms nach einer Strahlenbehandlung sind Biopsien, die innerhalb von einem Jahr nach der Strahlentherapie durchgeführt werden, oft nicht aussagekräftig; sie zeigten nach einem Jahr zwischen 35–67% positive Biopsien. Betont wurde auch, daß jene Karzinomzellen, die nach einer Strahlenbehandlung verbleiben, ihr tumorbiologisches Potential verloren hätten [106]. Trotzdem gibt es Anhaltspunkte, wonach Patienten, die ein Jahr nach der Strahlenbehandlung positive Biopsieergebnisse aufweisen würden, ein signifikant erhöhtes Risiko hätten, Fernmetastasen zu entwickeln [104].

Da eine negative Biopsie einen Resttumor nicht ausschließt und eine positive Biopsie nicht für einen biologisch aktiven Tumor beweisend ist, sollte bei Nachkontrollen routinemäßig keine Nadelbiopsie durchgeführt werden, denn sie führt eher zu Unsicherheiten bei Patient und Arzt.

Palliative Strahlentherapie

Die palliative Radiotherapie bei Schmerzen infolge Skelettmetastasen in Dosen von 3.000–3.500 Rad bei etwa zehn Behandlungen führt bei ca. 42% der Patienten zur kompletten Schmerzfreiheit und in 35% zur Schmerzreduktion [107]. Eine prophylaktische Strahlenbehandlung zur Vermeidung drohender pathologischer Frakturen kann in selektiven Fällen sinnvoll sein.

Angeregt wurde auch eine niedrig dosierte Halbkörper- oder Ganzkörperbestrahlung zur Palliation bei generalisierter Metastasierung mit hormonrefraktärem Prostatakarzinom [108]. Bei tolerablen Nebenwirkungen wurden 70% teilweise schmerzfrei, und 29% der Patienten erzielten komplette Schmerzfreiheit [109]. Die Besserung wurde innerhalb der ersten 12–24 Stunden nach Behandlungsbeginn registriert und hielt im Mittel bis zu 5 Monate an. Eine effektive palliative Bestrahlung zur Reduktion lokaler Harnstauung und zur Besserung lokaler vesikaler oder rektaler Blutungen sowie von obstruktiven Symptomen wurde ebenfalls berichtet [110].

Hormontherapie

Physiologische Grundlagen

Für ihre normalen metabolischen Funktionen benötigen die Prostatazellen Androgene. Die biologische Aktivität der Androgene in der Prostata wiederum hängt von ihrer Umwandlung in Dihydrotestosteron (DHT) in der Prostatazelle ab. Das wesentliche zirkulierende Androgen ist das Testosteron, das zu 90% in den Hoden produziert wird. Ca. 57% des zirkulierenden Testosterons sind an das Sex-steroid-binding-Globulin (SHBG) und 40% an Albumin gebunden. 3% des zirkulierenden Testosterons bleiben ungebunden und entsprechen der funktionell aktiven Form des Hormons. Das ungebundene Testosteron diffundiert passiv durch die Zellmembran der Prostatazelle in das Zytoplasma, wo es zum DHT durch die 5-alpha-Reduktase umgewandelt wird (Abb. 9). Nach der Umwandlung bindet DHT an ein spezifisches Rezeptorprotein im Zytoplasma. Dieser DHT-Rezeptorkomplex wird dann in den Zellkern transloziert. Im Kern bindet

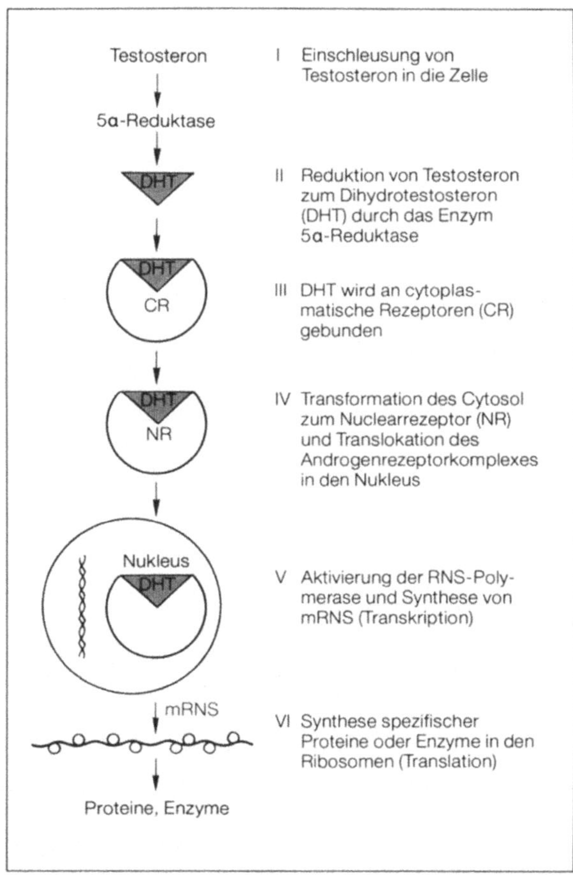

Abb. 9. Molekularer Wirkungsmechanismus der Androgene

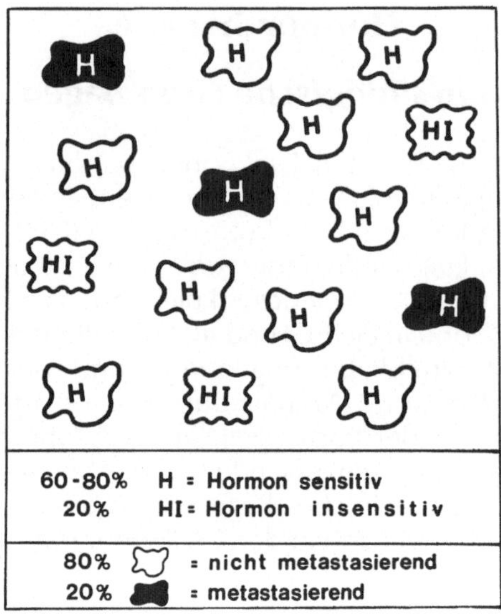

Abb. 10. Prostatakarzinom: Zelluläre Heterogenität

der Rezeptorkomplex an die DNS des nukleären Chromatins und aktiviert die DNS zur Produktion von Messenger-RNS, die wiederum Kodierungen für Proteine, die für die metabolische Funktion der Prostatazelle wichtig sind, vornimmt [48, 111] (Abb. 9). In Abwesenheit von Androgen wird die Prostata atroph. Die physiologischen Konzentrationen der Androgene der Nebenniere alleine reichen nicht aus, die Prostatazelle in ihrer Funktion aufrechtzuerhalten.

Die Zellen des Prostatakarzinoms unterscheiden sich wesentlich in ihrem Androgenbedarf. Einige Zellen brauchen zur Erhaltung fast physiologische Androgenspiegel, andere wiederum leben ohne Androgen. Daher reagieren Tumoren, die weitgehend aus androgenabhängigen Zellen bestehen, gut auf androgenoprive („Androgenentzug") Therapie, jene, die hauptsächlich aus androgenunabhängigen Zellen bestehen, tun dies nicht (Abb. 10).

Die Androgenproduktion durch die Hoden und durch die Nebenniere wird über die Hypothalamus-Hypophysen-Gonaden-Achse über zwei Feedback-Mechanismen geregelt (Abb. 11). Die Testosteronsekretion im Hoden wird durch das Luteinisierungshormon (LH), das vom Gonadotropin-Releasing-Hormon (GnRH) oder Luteinisierungshormon-Releasing-Hormon (LHRH) der vorderen Hypothalamusregion freigesetzt wird, stimuliert. GnRH wird in das venöse Hypothalamus-Hypophysen-System sezerniert und zum Hypophysenvorderlappen transportiert, wo es LH und FSH (follikelstimulierendes Hormon) freisetzt. Testosteron ist ein Mediator des negativen Feedbacks für die LH-Sekretion bei Männern, aber auch Östrogene sind wirksame Inhibitoren der LH-Sekretion. Man glaubt, daß die Hemmung der LH-Sekretion einer der grundlegenden Mechanismen in der Wirkung der Östrogenbehandlung beim Prostatakarzinom darstellt (Abb. 12). Die Östrogene erreichen außerdem eine Erhöhung der zirkulierenden Spiegel des SHBG. Beim Vorhandensein größerer Mengen an SHBG

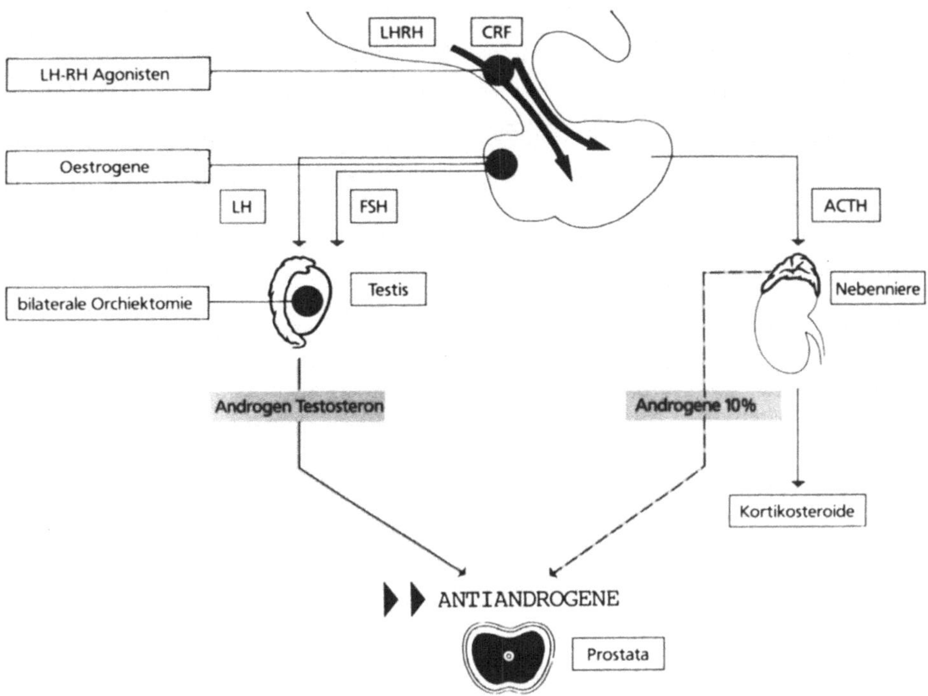

Abb. 11. Wirkungsmechanismen verschiedener Möglichkeiten androgenopriver Manipulation

LHRH Luteinisierungshormon-Releasing-Hormon; *CRF* Kortikotroper Releasing-Faktor; *LH* Luteinisierungshormon; *FSH* Follikelstimulierendes Hormon; *ACTH* Adrenokortikotropes Hormon

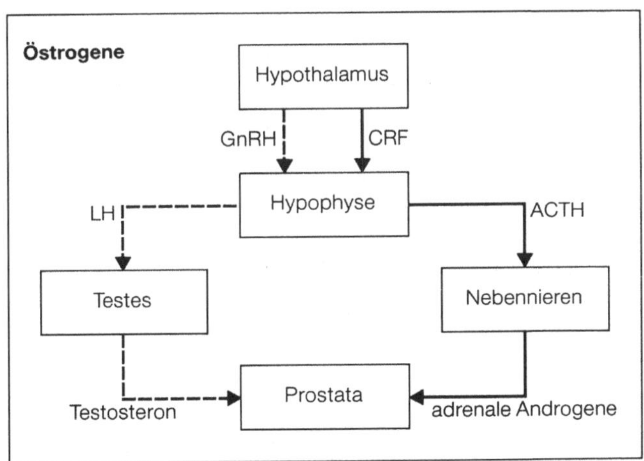

Abb. 12. Androgendeprivation durch Östrogene

GnRH Gonadotropin-Releasing-Hormon; *CRF* Kortikotroper Releasing-Faktor; *LH* Luteinisierungshormon; *ACTH* Adrenokortikotropes Hormon

reduziert sich die Menge an freiem Testosteron. Auf diese Weise reduzieren die Östrogene zusätzlich die funktionellen zirkulierenden Testosteronspiegel. Bei vielen Männern jenseits des 60. Lebensjahres sinken die Testosteronspiegel, und die Östradiolspiegel nehmen zu [14].

Die Androgensekretion der Nebenniere wird durch das adrenokortikotrope Hormon (ACTH) stimuliert, welches vom Hypophysenvorderlappen durch Stimulation des kortikotropen Releasingfaktors (CRF vom Hypothalamus) freigesetzt wird (Abb. 11). Die Androgene der Nebenniere mediieren keinen negativen Feedback auf die ACTH-Sekretion, sondern Kortisol gibt das Feedback-Signal. Die Nebennierenandrogene haben verglichen mit Testosteron oder Dihydrotestosteron eine relativ schwache androgene Wirkung und sind fast nur an Albumin gebunden.

Prolaktin ist ein anderer Hypophysenfaktor, der den Androgen-Metabolismus der Prostata beeinflußt. Das Prolaktin erhöht die Aufnahme und die Utilisation von Androgenen durch die Prostatazellen. Die hypophysäre Prolaktin-Sekretion wird durch den prolaktininhibitierenden Faktor (PIF) (Dopamin), der im Hypothalamus produziert wird, gehemmt. Östrogene sind potente Inhibitoren des PIF, daher erhöhen die Östrogene die Prolaktinfreisetzung und können theoretisch die Utilisation von Androgen in der Prostatazelle erhöhen.

Endokrinoprive Maßnahmen

Das Hauptziel der endokrinen Behandlung des Prostatakarzinoms ist, die androgene Stimulation des Tumors zu unterbinden. Dies kann durch ablative Therapie endokriner Quellen, durch Suppression der hypophysären LH-Freisetzung oder durch Hemmung der Androgensynthese, androgenen Wirkung oder des androgenen Synergismus geschehen.

Ablative Therapie

Orchiektomie

Die Orchiektomie ist die einfachste, ökonomischeste und effektivste Methode, um die zirkulierenden Androgenspiegel zu senken. Auf diese Weise wird bei der Mehrzahl der Patienten mit einem Prostatakarzinom eine klinische Remission induziert [48]. Eine subkapsuläre Orchiektomie ist ausreichend, um die Testosteronspiegel auf das Kastrationsniveau zu senken. Es konnte gezeigt werden, daß sie auch nach Human-Choriongonadotropin (HCG)-Stimulation niedrig bleiben [112].

Adrenalektomie

Plasmaspiegel adrenaler Androgene bleiben unverändert bei Patienten nach Orchiektomie wegen Prostatakarzinom [111]. Die adrenalen Androgene alleine sind jedoch nicht ausreichend, um die Funktion normaler prostatischer Epithelzellen aufrechtzuerhalten, obwohl sie stark androgenabhängig sind. Es ist daher nicht überraschend, daß die Entfernung der Nebenniere und ihrer Androgene auch keinen Effekt auf das Wachstum der vorwiegend androgenunabhängigen Prostatakarzinomzellen hat, die nach Orchiektomie oder Östrogenverabreichung verbleiben.

Hypophysektomie

Durch Hypophysektomie wird die Quelle der ACTH-Produktion, die die Nebennieren-Androgen-Sekretion stimuliert, und die Quelle des Prolaktins entfernt.

Suppression der hypophysären Luteinisierungshormon (LH)-Ausschüttung

Östrogene

Der wesentlichste Effekt der Östrogene scheint die Suppression der hypophysären LH-Sekretion zu sein (Abb. 12). Die Östrogene haben aber noch andere Einflüsse auf den Androgenmetabolismus. Sie erhöhen die Spiegel des Sex-steroid-binding-Globulins (SHBG), reduzieren die Testosteron-Steroid-Genese im Hoden, erhöhen die hypophysäre Prolaktin-Sekretion und verringern in sehr hohen Konzentrationen die DNS-Synthese in den Tumorzellen der Prostata. Der Kastrationseffekt ist vom Östrogenpräparat abhängig (natürliche, synthetische Östrogene), der Applikationsform (oral, intramuskulär) sowie von der Dosis [113]. Es hat sich auch gezeigt, daß dramatische klinische Remissionen ohne komplette Suppression der Testosteronwerte erzielt werden können. Diäthylstilböstrol (DES) in einer Dosis von 1 mg/Tag scheint kaum kardiovaskuläre Nebenwirkungen zu haben, während Dosen, die das Plasmatestosteron auf Kastrationswerte bringen, signifikant hohe Raten an kardiovaskulären Komplikationen und Todesfällen mit sich brachten [114]. Die therapeutische Breite einer effektiven Östrogentherapie wird durch die exzessiven kardiovaskulären Nebenwirkungen eingeschränkt. Möglicherweise ist die DES-Dosis von 2 mg täglich der ideale Kompromiß. Klinische Studien zu diesem Therapieregime stehen noch aus [19].

Andere Östrogenzubereitungen supprimieren ebenfalls die Plasmatestosteronspiegel auf Kastrationswerte; sie haben jedoch keinen signifikanten Vorteil gegenüber DES.

Progesteron

Gestagene zeigen verschiedene gewünschte therapeutische Einflüsse, wie die Fähigkeit, an den DHT-Rezeptor zu binden und als Antiandrogen zu wirken, oder die 5-alpha-Reduktase zu blockieren und dadurch die Konversion von Testosteron zu DHT zu verhindern sowie eine Hemmung auf die hypophysäre LH-Freisetzung auszuüben [115]. In klinischen Studien wurde nach 6 Monaten ein sog. Escape-Phänomen festgestellt, bei dem die Testosteronspiegel graduell zu Normalwerten zurückkehren [115]. Dieses Phänomen kann durch die zusätzliche Gabe von niedrig dosiertem DES (0,1 mg/Tag) unterbunden werden. Diese Dosis ist an sich insuffizient, um das Plasmatestosteron zu supprimieren. Die niedrige Dosierung von DES zeigte keine thromboembolischen Komplikationen oder Wasserretention. Am häufigsten wird Megestrol in der Progesterontherapie beim Prostatakarzinom verwendet.

Gonadotropin-Releasing-Hormon – Agonisten und Antagonisten

Gonadotropin-Releasing-Hormone (GnRH/LHRH)-Agonisten sind synthetische Peptide, die eine ähnliche, aber modifizierte Struktur des nativen GnRH aufweisen [116]. Ihre Gabe stimuliert die Freisetzung von LH und FSH vom Hypophysenvorderlappen. Langzeitige chronische Behandlung mit GnRH blockiert die Gonadotropinfreisetzung und führt so zur pharmakologischen Hypophysektomie (Abb. 13). Die Applikationsform ist die intranasale Insufflierung oder subkutane Injektion. GnRH-Agonisten produzieren einen initialen Plasmatestosteron-Anstieg, der für ca. zwei Wochen persistiert, bevor das Plasmatestosteron zu Kastrationswerten supprimiert wird. Der initiale Testosteronanstieg könnte das Tumorwachstum stimulieren, daher ist eine Gabe von Östrogen oder Antiandrogenen während den ersten zwei Wochen der GnRH agonistischen Therapie anzuraten (Abb. 14).

GnRH-Antagonisten streiten mit LHRH um den hypophysären Rezeptorplatz und schließen daher eine Stimulation der LH- und FSH-Sekretion aus [116]. GnRH-Antagonisten stimulieren daher nicht die Testosteronsekretion.

Die Vorteile der GnRH-Agonisten und -Antagonisten liegen in ihrem geringen kardiovaskulären Risiko und Vermeidung einer Gynäkomastie. Vor- und Nachteile der verschiedenen Formen der Androgendeprivation sind in Tabelle 4 ersichtlich.

Androgendeprivation durch LH-RH-Agonisten

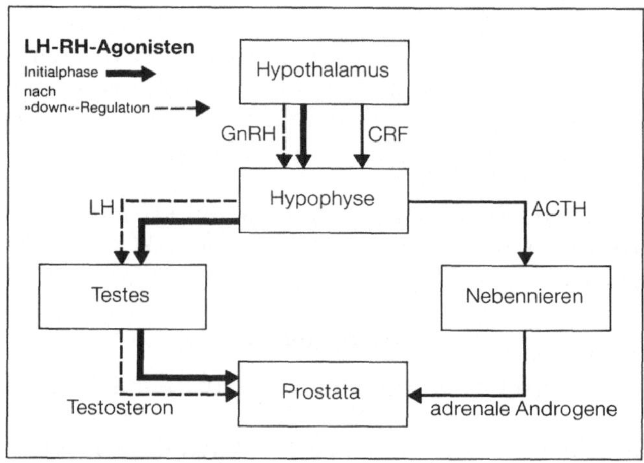

Abb. 13. Androgendeprivation durch LHRH-Agonisten
LHRH Luteinisierungshormon-Releasing-Hormon; *GnRH* Gonadotropin-Releasing-Hormon; *CRF* Kortikotroper Releasing-Faktor; *LH* Luteinisierungshormon; *ACTH* Adrenokortikotropes Hormon

Tabelle 4. Klinische und endokrine Wirkungen verschiedener androgenopriver Behandlungsmöglichkeiten

	Orchiektomie	Östrogene	Cyproteron-azetat	Flutamid reines Antiandrogen	Orchiektomie + Flutamid reines Antiandrogen	LHRH-Agonist	LHRH-Agonist + Flutamid reines Antiandrogen
Gynäkomastie (Intensität 0 bis ++++)	0	++++	++	++	++	?	++
Libidoerhaltung	Nein	Nein	Nein	Ja	Nein	Nein	Nein
Abfall von Plasmatestosteron	Ja	Ja	Ja	Nein	Ja	Ja	Ja
Salzretention	Nein	Ja	Ja	Nein	Nein	Nein	Nein
Thromboembolie-Gefahr	Nein	Ja	Ja	Nein	Nein	?	?
Annehmlichkeit für den Patienten	Nein	Ja	Ja	Ja	?	?	?
Blockade der adrenalen Androgene	Nein	Nein	Ja	Ja	Ja	Nein	Ja

LHRH Luteinisierungshormon-Releasing-Hormon

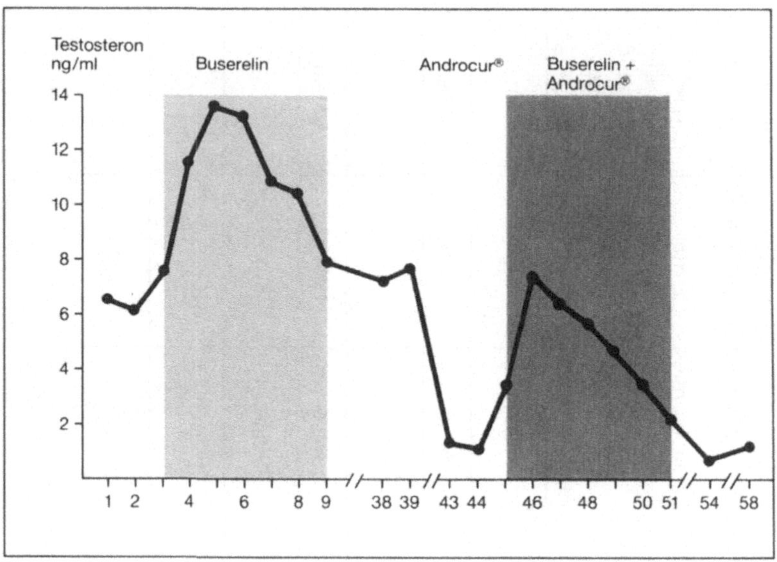

Abb. 14. Plasmatestosteron-Konzentrationen bei gesunden Probanden unter der Behandlung mit Buserelin allein und in Kombination mit Cyproteronazetat (Androcur®; 3 × 50 mg/Tag) nach fünftägiger Vorbehandlung mit Cyproteronazetat (150 mg/Tag)

Hemmung von Androgen

Synthese: Testosteron wird aus Cholesterol synthetisiert. Enzymatische Inhibitoren, wie Aminoglutethimid, Spironolakton, Cyanoketon und Medrogeston, greifen in die Testosteronsynthese ein. Spironolakton hemmt die Androgen-Biosynthese auf testikulärer Ebene; Aminoglutethimid bewirkt durch Enzymblockade eine Hemmung der adrenalen Steroidsynthese (Tabelle 5).
Wirkung: Antiandrogene besetzen die intrazellulären zytoplasmatischen Rezeptoren und verhindern so die androgene Wirkung (Abb. 15). Solche Substanzen sind Cyproteronazetat, Flutamid und Medrogeston. Das Cyproteronazetat ist ein synthetisches 21C-Steroid und hat neben einer antiandrogenen Wirkung einen zusätzlichen Progesteroneffekt, der auch die hypophysäre LH-Sekretion und Testosteronsynthese hemmt (Abb. 16). Flutamid ist ein nichtsteroidales Antiandrogen ohne Hemmung der Testosteronsynthese und der LH-Sekretion (Abb. 17).
Synergistische Wirkung: Substanzen, die die Prolaktinausschüttung der Hypophyse hemmen, blockieren die synergistischen Effekte zwischen Prolaktin und Androgen in den Zellen des Prostatakarzinoms. Levodopa erhöht die Dopaminkonzentration im Hypothalamus, und in der Folge hemmt Dopamin die Prolaktinsekretion durch die Hypophyse. Bromocriptin stimuliert Dopamin-Rezeptoren in der Hypophyse und erweitert dadurch den hemmenden Einfluß von Dopamin auf die Prolaktinsekretion.

Tabelle 5. Nicht-östrogene medikamentöse androgenoprive Therapie beim
Prostatakarzinom

GnRH-Agonisten	Goserelin (Zoladex®) Buserelin (Suprefact®) Leuprolid (Lupron®, Carcinil®)
Hemmung der Androgensynthese	Aminoglutethimid Spironolakton (Aldactone®) Ketoconazol (Nizoral®)
Hemmung der Androgenwirkung	Cyproteronazetat (Androcur®, Andro-Diane®) Flutamid (Fugerel®, Flucinorm®)
Hemmung der synergistischen Wirkung	Levodopa (Larodopa®) Bromocriptin (Parlodel®)

GnRH Gonadotropin-Releasing-Hormon

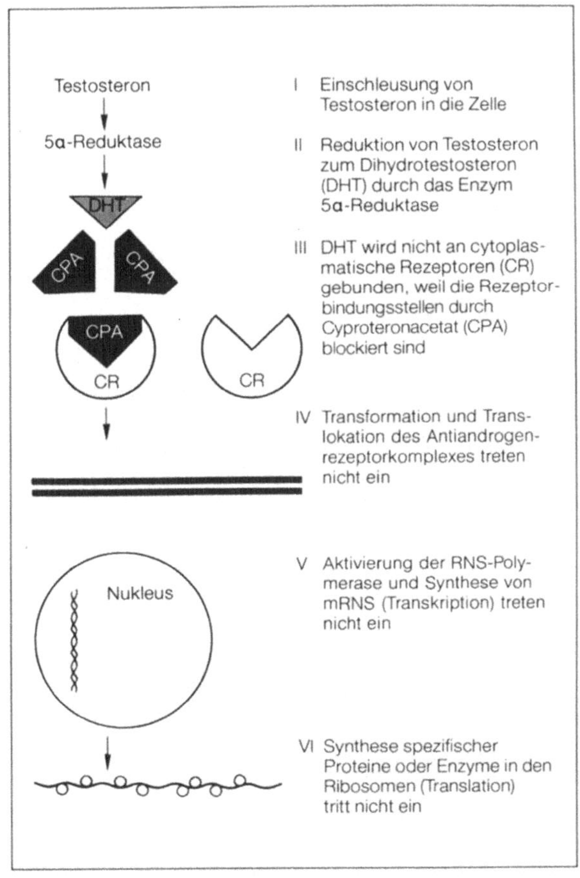

Abb. 15. Molekularer Wirkungsmechanismus von Cyproteronazetat

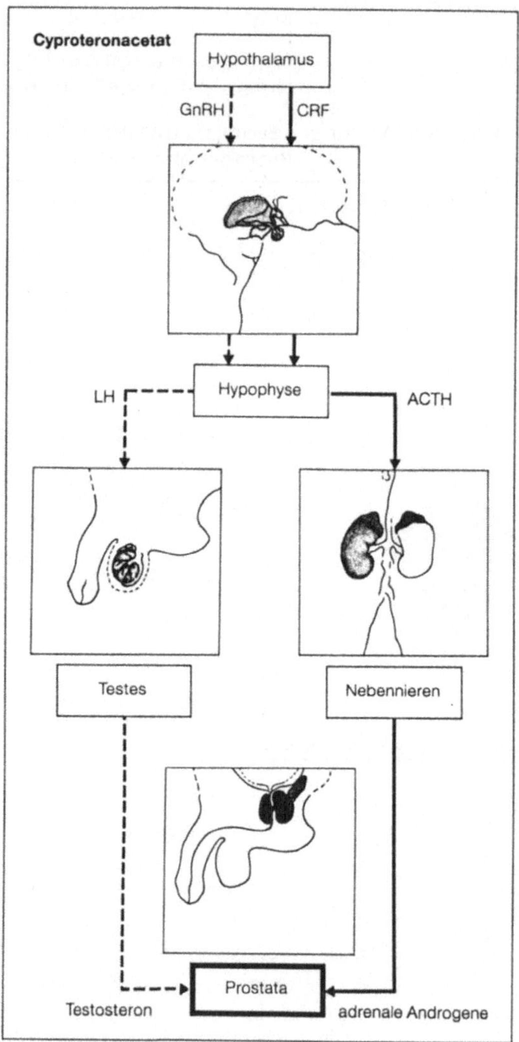

Abb. 16. Androgendeprivation durch Antiandrogene vom Typ des Cyproteron-azetats *GnRH* Gonadotropin-Releasing-Hormon; *CRF* Kortikotroper Releasing-Faktor; *LH* Luteinisierungshormon; *ACTH* Adrenokortikotropes Hormon

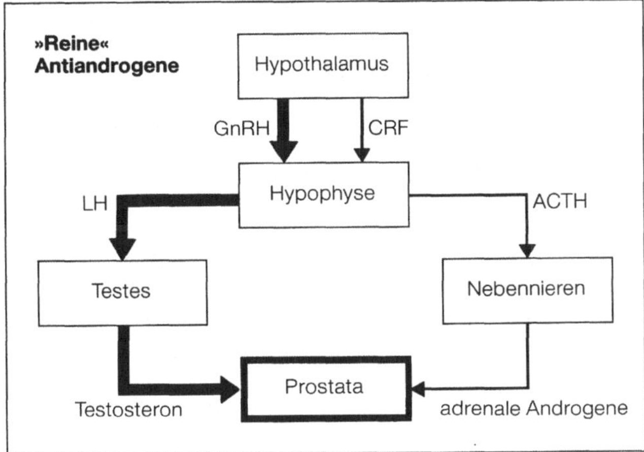

Abb. 17. Androgendeprivation durch „reine" Antiandrogene *GnRH* Gonadotropin-Releasing-Hormon; *CRF* Kortikotroper Releasing-Faktor; *LH* Luteinisierungshormon; *ACTH* Adrenokortikotropes Hormon

Klinische Ergebnisse der endokrinen Therapie

Das Konzept der kontrasexuellen Behandlung beim Prostatakarzinom stammt von Huggins und Hodges [117]. 1941 berichteten sie, daß die Kastration oder Östrogenbehandlung zur Tumorregression bei Patienten mit metastasierendem Prostatakarzinom führte.

Die weltweit wesentlichsten Studien, die zur Beurteilung der Wertigkeit der kontrasexuellen Therapie beim Prostatakarzinom herangezogen werden, sind die Studien der Veterans Administration Cooperative Urological Research Group (VACURG). Kurz zusammengefaßt ergaben die drei prospektiv randomisierten Studien, daß hohe Dosen von DES das kardiovaskuläre Risiko beträchtlich erhöhen und daß ein verzögertes Einsetzen der kontrasexuellen Therapie gleichermaßen nicht nachteilig war. Die beiden ersten Studien bewiesen, daß die regelmäßige Gabe von DES in der Lage war, den Prozentsatz der Progressionsraten im Stadium C und D signifikant zu verzögern. Ein Vergleich zwischen DES und einer Kombination aus DES und Progesteron zeigte keinen Vorteil der Kombinationstherapie, bezogen auf die Gesamtüberlebensraten. Die vorhandenen Daten unterstützen die Annahme, daß die endokrine Behandlung die Überlebensraten der Patienten mit Prostatakarzinom im Stadium D verbessert.

Alle Vergleiche zwischen Östrogengabe, Orchiektomie oder der Kombination aus beiden haben keinen Vorteil der einen oder anderen Therapiemodalität ergeben. Es hat sich herausgestellt, daß die Orchiektomie die sicherste Methode der androgenopriven Therapie darstellt, da die vielen Nebenwirkungen der Östrogentherapie, Übelkeit, Wasserretention und Gynäkomastie, einen negativen Einfluß auf die Patienten-Compliance haben würden.

Der Beginn der kontrasexuellen Therapie bei sexuell aktiven und asymptomatischen Patienten kann verzögert einsetzen, während bei Patienten, die nicht mehr sexuell aktiv sind, ein frühzeitiges Einsetzen der Therapie gerechtfertigt erscheint. Vor Östrogengabe sollte eine Bestrahlung der Mamillen erfolgen, um die hormonell induzierten Schwellungen zu kupieren. Symptomatische Patienten sollten sofort behandelt werden.

Die Erwartungen, mit biochemischen Methoden in Anlehnung an die Situation beim Mammakarzinom ein Ansprechen des Tumors auf die endokrine Therapie vorhersagen zu können, hat sich nicht erfüllt. Weder zytosoler Androgen-Rezeptorgehalt noch nukleärer DHT-Rezeptorgehalt noch Östrogen- und Progesteron-Rezeptorbestimmungen haben Ergebnisse erbracht, die eine Ansprechbarkeit des Tumors für hormonelle Maßnahmen vorzeitig erkennen lassen würden [48].

Für die Sinnhaftigkeit einer frühzeitigen und somit primären endokrinen Behandlung des lokalisierten Prostatakarzinoms (Stadium A, B) gibt es keine Beweise.

Luteinisierungshormon-Releasing-Hormon (LHRH)-Agonisten (GnRH)

Der Vorteil dieser Therapie liegt in einer geringeren Rate an Nebenwirkungen (nur Wallungen). Bei unbehandelten Patienten hatten 70% eine komplette oder partielle Remission, und 27% zeigten keine Tumorprogression. Zusätzlich zeigten 30% der Patienten mit Tumorprogression nach endokriner Therapie eine subjektive Besserung, in 4% sogar objektive Remissionen [96]. Eine Kombinationstherapie von LHRH-Agonisten mit einem Antiandrogen mit einer fast 100%igen Remissionsrate wurde publiziert [118], jedoch konnten diese Daten bisher nicht bestätigt werden.

Sekundäre endokrine Therapie

Trotz zahlreicher Publikationen gibt es keinen Anhaltspunkt, daß Patienten mit einem hormonresistenten Prostatakarzinom oder bei Tumorprogression unter Östrogentherapie oder nach verzögerter nachträglicher Kastration und DES-Therapie oder durch hochdosierte DES-Therapie Behandlungsvorteile erzielen könnten.

Es gibt keine Hinweise für einen benefiziellen Effekt einer Adrenalektomie [19]. Die medikamentöse Adrenalektomie mit Aminoglutethimid oder Spironolakton oder Aminoglutethimid in Kombination mit Hydrokortison führte in einem Drittel der Patienten mit Tumorprogression zu einer Remission unter endokriner Therapie [119].

Gegenwärtig ist die operative Hypophysektomie, gleichgültig mit welcher Technik, keine empfehlenswerte Behandlungsmethode [19]. Die Ergebnisse der medikamentösen Hypophysektomie mit Glukokortikoiden scheinen mit der chirurgischen Adrenalektomie vergleichbar, aber es scheint, ein größerer Prozentsatz würde mit Kortison eine subjektive Besserung erzielen [19].

Prolaktininhibitoren wie Levodopa und Bromocriptin haben keinen klinischen Effekt bei Patienten mit Tumorprogression nach einer ursprünglich adäquaten endokrinen Therapie gezeigt.

Antiandrogene

Cyproteronazetat und Flutamid haben in vielen Studien gezeigt, daß sie dem Standard der endokrinen Behandlung bei unbehandelten Patienten gleichwertig sind. Sie sind jedoch nicht in der Lage, zusätzliche Effekte bei hormonrefraktären Patienten zu erzielen. Hervorzuheben wäre, daß die Patienten unter Flutamid-Behandlung in einem hohen Prozentsatz potent blieben (Tabelle 4).

Chemotherapie

Der Einsatz einer zytotoxischen Chemotherapie beim Prostatakarzinom ist schwierig. Da die Patienten mit einem metastasierenden Prostatakarzinom während endokriner Behandlung lange Zeit subjektiv beschwerdefrei bleiben, kommen für die zytostatische Therapie nur die Therapieversager in Frage. Diese Patienten sind dann meist in einem schlechten Allgemeinzustand und oft für eine Chemotherapie ungeeignet. Es ist durch das biologische Verhalten des Prostatakarzinoms ohnehin schwierig, einen Therapieeffekt zu beurteilen, umso größer ist dieses Problem bei hormonrefraktären Karzinompatienten. In einer Zusammenstellung der publizierten Studien mit Monotherapieformen von Catalona und Scott [19] fand sich eine 10–15%ige objektive Tumorregressionsrate. Diese Therapie war der Standard-palliativen Therapie nicht überlegen. Auch Kombinationschemotherapien haben nur mäßige Ansätze durch einzelne verbesserte Ansprechraten bei therapieresistenten Tumoren erkennen lassen.

Immunmodulation

Bacillus Calmette-Guérin (BCG)-Injektionen in die Prostata und intradermale Applikation von BCG erbrachten keine wesentlichen therapeutischen Vorteile für die Prostatakarzinompatienten. Zum Teil war die Morbidität einiger Behandlungsregime beträchtlich. Über den Einsatz von Interferon oder Interleukin-2 stehen derzeit nur vorläufige Berichte zur Verfügung, die keine prospektiven Schlüsse zulassen [19].

Stadienorientierte Therapiemöglichkeiten beim Prostatakarzinom

Stadium A1

Bei älteren Patienten, d. h. mit einer Lebenserwartung von weniger als 10–15 Jahren, kann die regelmäßige dreimonatige Kontrolle die Therapie aufschieben oder ersetzen. Bei jüngeren Patienten wird man aufgrund ihrer viel längeren Lebenserwartung eine radikale Prostatektomie wie bei Patienten mit Tumorprogression vorziehen.

Stadium A2

Patienten in diesem Tumorstadium sollten entweder radikal prostatektomiert oder einer Strahlentherapie unterzogen werden. Die radikale Prostatektomie wird in vielen Fällen wegen der bereits vorhandenen regionalen Metastasierung zu spät kommen. Eine primäre Staging-Lymphadenektomie ist unbedingt notwendig. Die externe Radiatio sollte erst nach völliger Heilung der Prostataloge begonnen werden. Damit ist auch eine komplikationsarme strahlentherapeutische Therapiephase gewährleistet. Jod 125-Implantate sind beim A2-Tumor nach Resektion schwierig, da sie nur schwer im Restgewebe zu plazieren sind. Gold 198 kann bei diesen Patienten besser implantiert werden, da die Technik weniger Seeds benötigt.

Stadium B1

Bei entsprechendem Allgemeinzustand haben Patienten mit einem Prostatakarzinom im Stadium B1 nach einer radikalen Prostatektomie die besten Heilungsaussichten. Bei Patienten, bei denen eine radikale Prostatektomie nicht in Frage kommt, ist die externe Strahlentherapie eine gute Alternative.

Stadium B2

Auch hier ist die wahrscheinlich beste Behandlung die radikale Prostatektomie nach Ausschluß lokoregionärer Metastasierung durch eine vorangegangene Lymphadenektomie. Für nicht operable Patienten steht die externe und die lokoregionäre Strahlentherapie zur Verfügung.

Stadium C

Die Hormontherapie kann das Auftreten von Fernmetastasen verzögern, scheint hier aber nicht die Überlebensrate zu verlängern. Als zweite gute Alternative gilt die Strahlentherapie, in einzelnen Fällen nach begrenzter Staging-Lymphadenektomie und bei beginnender ureteraler Obstruktion.

Stadium D0

Das Stadium D0 ist definiert durch eine erhöhte saure Phosphatase ohne Hinweis für einen primären lokalen Tumorbefall. Es bestehen folgende Möglichkeiten: 1. Abwarten, 2. Staging-Lymphadenektomie, 3. externe Strahlentherapie, 4. endokrine Therapie und 5. Chemotherapie.

Stadium D1

Eine endokrine Therapie kann bei nicht sexuell aktiven Patienten sofort begonnen werden, am besten durch die subkapsuläre Orchiektomie. Bei sexuell aktiven Patienten kann mit der endokrinen Therapie zugewartet werden. Eine therapeutische Alternative bietet die Strahlentherapie. Die Frage der Effektivität einer radikalen Prostatektomie in diesem Stadium ist ungelöst; es scheint jedoch, daß durch die radikale Prostatektomie eine bessere Kontrolle des Primärtumors als durch endokrine und Strahlen-Therapie erreicht wird.

Stadium D2

Trotz ihres nur palliativen Charakters dürfte die endokrine Therapie einen lebensverlängernden Effekt in diesem Stadium haben. Es wird von der sexuellen Aktivität und von symptomatischen Beschwerden abhängig sein, zu welchem Zeitpunkt die endokrine Therapie eingeleitet wird. Die Orchiektomie ist die sicherste und vermutlich auch effektivste Form der androgenopriven Therapie, ohne kardiovaskuläre Nebenwirkungen, ohne Gynäkomastie und ohne die Gefahr einer schlechten Patienten-Compliance. Die medikamentöse androgenoprive Therapie ist wegen der bekannten mangelnden Mitarbeit der Patienten hingegen unsicher und zudem sehr teuer. Ein Vorteil durch die Kombination von Antiandrogenen mit Orchiektomie zur kompletten Androgenblockade muß sich in prospektiven, kontrollierten, randomisierten Langzeitstudien noch erweisen. Der Vorteil einer frühzeitigen Behandlung mit Estramustinphosphat muß ebenfalls in der Zukunft noch gesichert werden.

Stadium D3

Darunter versteht man eine Progression unter endokriner Therapie. Diese Patienten haben eine Lebenserwartung von weniger als einem Jahr und sind meist in einem schlechten Allgemeinzustand. Die sekundäre endokrine Therapie alleine ist sehr umstritten und mag in einzelnen Fällen einen palliativen Effekt haben. Bekannterweise sind die Ansprechraten einer zytotoxischen Chemotherapie gering. Eine Behandlung von Harnstauung und Rückenmarkskompression und die Schmerzbekämpfung haben sich nach den Erfordernissen des einzelnen Patienten zu richten.

Verlaufskontrollen

Eine sorgfältige Nachsorge von Tumorpatienten ist unabdingbar. Das rechtzeitige Erkennen eines Tumorrezidivs oder einer Tumorprogression ist eine Grundvoraussetzung, um das Behandlungskonzept an die neue Situation anzupassen. In Tabelle 6 und 7 sind grobe Richtlinien für eine individuelle Tumornachsorge angeführt; sie sind dem Manual der Urologischen Krebstherapie [120] entnommen.

Tabelle 6. Nachsorgeschema – Prostatakarzinom [120]

Kurative Therapie

Monat	Lebens-qualität	Klinischer Status	Blut-chemie (PSA)	Sono-graphie	Thorax-röntgen	IV-Uro-graphie	Computer-tomo-graphie	Skelett-szinti-gramm
1	+	+	+					
2	+	+						
3	+	+	+	+	+			
6	+	+	+	+	+			+
9	+	+	+	+				
12	+	+	+	+	+	+	+	+
3monatig dann								
6monatig	+	+	+	+	+			
1 × jährlich						(+)	(+)	+

Tabelle 7. Nachsorgeschema – Prostatakarzinom [120]

Palliative Therapie

Monate	Lebens-qualität	Klinischer Status	Blut-chemie (PSA)	Sono-graphie	Thorax-röntgen	Skelett-scan	IV-Uro-graphie
1½	+	+	+				
3	+	+	+	+	+		
6	+	+	+	+	+	+	(+)
9	+	+	+	+	+		
12	+	+	+	+	+	+	+
5 Jahre 3monatig, dann 6monatig							

Mit Unterstützung des Ludwig Boltzmann-Institutes zur Erforschung der Infektionen und Geschwülste des Harntraktes.

Literatur

1. Young JL Jr, Perey CL, Asire AJ, et al (1981) Cancer incidence and mortality in the United States, 1973–1977. Natl Cancer Inst Monogr 57:1
2. Silverberg E, Lubera JA (1983) A review of American Cancer Society estimates of cancer cases and deaths. CA 33:2
3. Baba S, Jacobi GH (1980) Epidemiologie des Prostatakarzinoms. Akt Urol 11: 277
4. Woolf CM (1960) An investigation of the familial aspects of carcinoma of the prostate. Cancer 13:739
5. Schuman LM, Mandel J, Blackard C, et al (1977) Epidemiologic study of prostatic cancer: preliminary report. Cancer Treat Rep 61:181
6. Barry JM, Goldstein A, Hubbard M (1980) Human leukocyte A and B antigens in patients with prostatic adenocarcinoma. J Urol 124:847
7. Hutchison GB (1981) Incidence and etiology of prostate cancer. Urology 17 [Suppl]:4
8. Wynder EL, Mabuchi K, Whitmore WF Jr (1971) Epidemiology of cancer of the prostate. Cancer 28:344
9. Blair A, Fraumeni JF Jr (1978) Geographic patterns of prostate cancer in the United States. J Natl Cancer Inst 61:1379
10. Yatani R, Chigusa I, Akazaki K, et al (1982) Geographic pathology of latent prostatic carcinoma. Int J Cancer 29:611
11. Winkelstein W Jr, Ernster VL (1979) Epidemiology and etiology. In: Murphy GP (ed) Prostatic cancer. P.S.G. Publishing Company, Littleton, p 1
12. Noble RL (1977) The development of prostatic adenocarcinoma in Nb rats following prolonged sex hormone administration. Cancer Res 37:1929
13. Moore RA (1936) The evolution and involution of the prostate gland. Am J Pathol 12:599
14. Zumoff B, Levin J, Strain GW, et al (1982) Abnormal levels of plasma hormones in men with prostate cancer: evidence towards a „two-disease" theory. Prostate 3:579
15. Armenian HK, Lilienfeld AM, Diamond EL, et al (1975) Epidemiologic characteristics of patients with prostatic neoplasms. Am J Epidemiol 102:47
16. Armenian HK, Lilienfeld AM, Diamond EL, et al (1974) Relation between benign prostatic hyperplasia and cancer of the prostate: a prospective and retrospective study. Lancet ii:115
17. Greenwald P, Kirms V, Polan AK, et al (1974) Cancer of the prostate among men with benign prostatic hyperplasia. J Natl Cancer Inst 53:335
18. Winkelstein W Jr, Sacks ST, Ernster VL, et al (1977) Correlations of incidence rates for selected cancers in the nine areas of the Third National Cancer Survey. Am J Epidemiol 105:407
19. Catalona WJ, Scott WW (1986) Carcinoma of the prostate. In: Walsh PC, Gittes RF, Perlmutter AD, et al (eds) Campbell's urology, vol 2. Saunders, Philadelphia, p 1463
20. Dunn JE (1975) Cancer epidemiology in populations of the United States – with emphasis on Hawaii and California and Japan. Cancer Res 35:3240
21. Ross RK, Deapen DM, Casagrande JT, et al (1981) A cohort study of mortality from cancer of the prostate in Catholic priests. Br J Cancer 43:233
22. Paulson DF, Rabson AS, Fraley EE (1968) Viral neoplastic transformation of hamster prostate tissue in vitro. Science 159:200
23. Centifano YM, Kauffman HE, Zam ZS, et al (1973) Herpes virus particles in prostatic carcinoma cells. J Virol 12:1608
24. Herbert JT, Birkhoff JD, Feorino PM, et al (1976) Herpes simplex virus type 2 and cancer of the prostate. J Urol 116:611

25. Rodin AE, Larson DL, Roberts DK (1967) Nature of the perineural space invaded by prostatic carcinoma. Cancer 20:1772
26. Mostofi FK, Price EB (1973) Tumors of the male genital system. In: Atlas on tumor pathology, series 2, fasc 8. Armed Forces Institute of Pathology, Washington, p 196
27. Utz DC, Farrow GM (1969) Pathologic differentiation and prognosis of prostatic carcinoma. JAMA 209:1701
28. Mostofi FK (1976) Problems of grading in carcinoma of prostate. Semin Oncol 3:161
29. Epstein NA, Fatti LP (1976) Prostatic carcinoma: some morphological features affecting prognosis. Cancer 37:2455
30. Gleason DF (Veterans Administration Cooperative Urological Research Group) (1977) Histologic grading and clinical staging of prostatic carcinoma. In: Tannenbaum M (ed) Urologic pathology: the prostate. Lea & Febiger, Philadelphia, p 171
31. Harada M, Mostofi FK, Corle DK, et al (1977) Preliminary studies of histologic prognosis in cancer of the prostate. Cancer Treat Rep 61:223
32. Esposti PL (1971) Cytologic malignancy grading of prostatic carcinoma by transrectal aspiration biopsy. Scand J Urol Nephrol 5:199
33. Chodak GW, Bibbo M, Straus FH, et al (1986) Transrectal aspiration biopsy versus transperineal core biopsy for the diagnosis of carcinoma of the prostate. J Urol 132:480
34. Kofler K, Schmidbauer C (1977) Zur Frage des sogenannten Übergangszellkarzinoms der Prostata und seiner Onkogenese. Z Urol 70:569
35. Dhom G (1981) Pathologie des Prostatakarzinoms. In: Verhandlungsberichte der Deutschen Gesellschaft für Urologie. Springer, Berlin Heidelberg New York, S 9
36. Kihl B, Bratt CG (1981) Reimplantation of the ureter in prostatic carcinoma associated with bilateral ureteric obstruction. Br J Urol 53:349
37. Byar DP, Mostofi FK (Veterans Administration Cooperative Urological Research Group) (1972) Carcinoma of the prostate: prognostic evaluation of certain pathologic features in 208 radical prostatectomies. Examined by the step-section technique. Cancer 30:5
38. Winter CC (1957) The problem of rectal involvement by prostatic cancer. Surg Gynecol Obstet 105:136
39. McLaughlin AP, Saltzstein SL, McCullogh DL, et al (1976) Prostatic carcinoma: incidence and location of unsuspected lymphatic metastases. J Urol 115:89
40. Willis RA (1973) Secondary tumours of bones. In: The spread of tumours in the human body, 3rd edn. Butterworths, London, p 229
41. Jacobs SC (1983) Spread of prostatic cancer to bone. Urology 21:337
42. Whitmore WF Jr (1973) The natural history of prostatic cancer. Cancer 32:1104
43. Murphy GP, Natarajan N, Pontes JE, et al (1982) The national survey of prostate cancer in the United States by the American College of Surgeons. J Urol 127:928
44. Levine RL, Wilchinsky M (1979) Adenocarcinoma of the prostate: a comparison of the disease in blacks versus whites. J Urol 121:761
45. Catalona WJ, Smolev JK, Harty JI (1975) Prognostic value of host immunocompetence in urologic cancer patients. J Urol 114:922
46. Smith JA Jr, Middleton RG (1982) Pelvic lymph node metastasis from prostatic cancer: influence of tumor grade and stage. Proc Meeting American Urological Association (abstract #238)
47. Diamond DA, Berry SJ, Jewett HJ, et al (1982) A new method to assess metastatic potential of human prostate cancer: relative nuclear roundness. J Urol 128:729
48. Trachtenberg J, Walsh PC (1982) Correlation of prostatic nuclear androgen receptor content with duration of response and survival following hormonal therapy in advanced prostatic cancer. J Urol 127:466
49. Cantrell BB, DeKlerk DP, Eggleston JC, et al (1981) Pathologic factors that influence

prognosis in stage A prostatic cancer: the influence of extent versus grade. J Urol 125:516

50. Blackard CE, Byar DP, Jordan WP Jr (Veterans Administration Cooperative Urological Research Group) (1973) Orchiectomy for advanced prostatic carcinoma: a reevaluation. Urology 1:553
51. Slack NH, Mittelman A, Brady MF, et al (Investigators in the National Prostatic Cancer Project) (1980) The importance of the stable category for chemotherapy treatment patients with advanced and relapsing prostate cancer. Cancer 46:2393
52. Emmett JL, Barber KW Jr, Jackmann RJ (1961) Transrectal biopsy to detect prostatic carcinoma: a review and report of 203 cases. Trans Am Assoc Genitourin Surg 53:460
53. Packer MG, Russo P, Fair WR (1984) Prophylactic antibiotics and Foley catheter usage in transperineal needle biopsy of the prostate. J Urol 131:687
54. Sharifi R, Shaw M, Ray V, et al (1983) Evaluation of cytologic techniques for diagnosis of prostate cancer. Urology 21:417
55. Bauer HW (1986) Was leistet die immunchemische PAP-Bestimmung beim Prostatakarzinom. In: Bauer HW, Fröschle MC (Hrsg) Neue Erkenntnisse zur klinischen Wertigkeit und Methodik der sauren Prostataphosphatase. Gil Verlag, Darmstadt, S 29
56. Myrtle JF, Klimley PG, Ivor LP, et al (1986) Clinical utility of prostate specific antigen (PSA) in the management of prostate cancer. In: Advances of cancer diagnostics. Hybritech Inc, San Diego, p 1
57. Lachman E (1955) Osteoporosis – the potentialities and limitations of its roentgenologic diagnosis. Am J Roentgenol Radium Ther Nucl Med 74:712
58. Donohue RE, Mani JH, Whitesel JA, et al (1982) Pelvic lymph node dissection: guide to patient management in clinically locally confined adenocarcinoma of prostate. Urology 20:559
59. Bouffioux C (1979) Le cancer de la prostate. Acta Urol Belg 47:201
60. Hoekstra WJ, Schroeder FH (1981) The role of lymphangiography in the staging of prostatic cancer. Prostate 2:433
61. Benson KH, Watson RA, Spring DB, et al (1981) The value of computerized tomography in evaluation of pelvic lymph nodes. J Urol 126:63
62. Weinerman PM, Arger PH, Coleman BG, et al (1983) Pelvic and bladder adenopathy from bladder and prostate carcinoma: detection by rapid sequence computed tomography. Am J Radiol 140:95
63. Paulson DF (1980) The prognostic role of lymphadenectomy in adenocarcinoma of the prostate. Urol Clin North Am 7:615
64. Jacobi GH (1982) Tumore der Prostata und Samenblase. In: Hohenfellner R (Hrsg) Urologie in Klinik und Praxis, Bd 1. Thieme, Stuttgart New York, S 566
65. Bridges CH, Belville WD, Insalaco SJ, et al (1983) Stage A prostatic carcinoma and repeat transurethral resection: a reappraisal 5 years later. J Urol 129:307
66. Denton SE, Choy SH, Valk WL (1965) Occult prostatic carcinoma diagnosed by the step section technique of the surgical specimen. J Urol 93:296
67. Kastendieck H, Bressel M (1980) Vergleichende Analyse der klinischen und morphologischen Klassifikation (Staging) von 165 Prostatakarzinomen nach radikaler Prostatektomie. Urologe [A] 19:331
68. Young HH (1905) The early diagnosis and radical cure of carcinoma of the prostate. Being a study of 40 cases and presentation of a radical operation which was carried out in 4 cases. Bull Johns Hopkins Hosp 16:315
69. Benson RC Jr, Tomera KM, Zincke H, et al (1984) Bilateral pelvic lymphadenectomy and radical retropubic prostatectomy for adenocarcinoma confined to the prostate. J Urol 131:1103
70. Walsh PC, Jewett HJ (1980) Radical surgery for prostatic cancer. Cancer 45:1906

71. Elder JS, Jewett HJ, Walsh PC (1982) Radical perineal prostatectomy for clinical stage B2 carcinoma of the prostate. J Urol 127:704
72. Paulson DF, Lin GH, Hinshaw W, et al (Uro-Oncology Research Group) (1982) Radical surgery versus radiotherapy for adenocarcinoma of the prostate. J Urol 128:502
73. Byar DP, Corle DK (Veterans Administration Cooperative Urological Research Group) (1981) VACURG randomized trial of radical prostatectomy for stages I and II prostate cancer. Urology 17 [Supp]:7
74. Schroeder FH, Belt E (1975) Carcinoma of the prostate: a study of 213 patients with stage C tumors treated by total perineal prostatectomy. J Urol 114:257
75. De Vere White R, Paulson DF, Glenn JF (1977) The clinical spectrum of prostate cancer. J Urol 117:323
76. Scott WW, Boyd HL (1969) Combined hormone control therapy and radical prostatectomy in the treatment of selected cases of advanced carcinoma of the prostate: a retrospective study based upon 25 years of experience. J Urol 101:86
77. Zincke H, Fleming TR, Furlow WL, et al (1981) Radical retropubic prostatectomy and pelvic lymphadenectomy for high-stage cancer of the prostate. Cancer 47:1901
78. Walsh PC, Lepor H, Eggleston JC (1983) Radical prostatectomy with preservation of sexual function: anatomical and pathological considerations. Prostate 4:473
79. Middleton AW Jr (1981) Pelvic lymphadenectomy with modified radical retropubic prostatectomy as a single operation: technique used and results in 50 consecutive cases. J Urol 125:353
80. Linder A, deKernion JB, Smith RB, et al (1983) Risk of urinary incontinence following radical prostatectomy. J Urol 129:1007
81. Zincke H, Utz DC, Myers RP, et al (1982) Bilateral pelvic lymphadenectomy and radical retropubic prostatectomy for adenocarcinoma of prostate with regional lymph node involvement. Urology 19:238
82. Walsh PC, Donker PJ (1982) Impotence following radical prostatectomy: insight into etiology and prevention. J Urol 128:492
83. Neglia WJ, Hussey DH, Johnson DE (1977) Megavoltage radiation therapy for carcinoma of the prostate. Int J Radiat Oncol Biol Phys 2:873
84. Leibel SA, Pino Y, Torres JL, et al (1980) Improved quality of life following radical radiation therapy for early stage carcinoma of the prostate. Urol Clin North Am 7:593
85. Lupu AN, Petrovic Z, Corvalan J, et al (1982) Teletherapy for stage C adenocarcinoma of the prostate. J Urol 128:75
86. Bagshaw MA (1982) Radiation therapy of prostatic carcinoma. In: Crawford ED, Borden TA (eds) Genitourinary cancer surgery. Lea & Febiger, Philadelphia, p 405
87. Cupps RE, Utz DC, Fleming TR, et al (1980) Definitive radiation therapy for prostatic carcinoma: Mayo Clinic experience. J Urol 124:855
88. Pilepich MV, Perez CA, Bauer W (1980) Prognostic parameters in radiotherapeutic management of localized carcinoma of the prostate. J Urol 124:485
89. McGowan DG (1980) The adverse influence of prior transurethral resection on prognosis in carcinoma of the prostate treated by radiation therapy. Int J Radiat Oncol Biol Phys 6:1121
90. Pistenma DA, Bagshaw MA, Freiha FS (1979) Extended-field radiation therapy for prostatic adenocarcinoma: status report of a limited prospective trial. In: Johnson DE, Samuels ML (eds) Cancer of the genitourinary tract. Raven Press, New York, p 229
91. Perez CA, Bauer W, Garza R, et al (1977) Radiation therapy in the definitive treatment of localized carcinoma of the prostate. Cancer 40:1425
92. Bagshaw MA (1979) Perspectives on radiation treatment of prostate cancer: history and current focus. In: Murphy GP (ed) Prostatic cancer. P.S.G. Publishing Company, Littleton, p 151

93. Hanks GE, Leibel S, Kramer S (1983) The dissemination of cancer by transurethral resection of locally advanced prostate cancer. J Urol 129:309
94. Hoffman GS, Scardino PT, Carlton CE Jr (1983) The effect of TURP on survival and dissemination in prostatic cancer. Proc Meeting American Urological Association, Las Vegas, 195 (abstract # 416)
95. Lange PH, Moon TD, Haselow RE, et al (1983) Radiation therapy after radical prostatectomy. Proc Meeting American Urological Association, Las Vegas, 166 (abstract # 300)
96. Smith JA Jr, Harris TH, Middleton RG (1983) Clinical effects of external irradiation on patients with lymph node metastases from prostatic cancer. Proc Meeting American Urological Association, Las Vegas, 167 (abstract # 301)
97. Perez CA, Ackerman LV, Silber I, et al (1974) Radiation therapy in the treatment of localized carcinoma of the prostate. Preliminary report using 22-MeV photons. Cancer 34:1059
98. Hill DR, Crews QE Jr, Walsh PC (1974) Prostate carcinoma: radiation treatment of the primary and regional lymphatics. Cancer 34:156
99. Whitmore WF Jr (1980) Interstitial radiation therapy for carcinoma of the prostate. Prostate 1:157
100. Kandzari SJ, Belis JA, Riley RS (1983) Post-radiation biopsy and histological effects in early stage prostatic cancer treated with ^{125}iodine implants. Proc Meeting American Urological Association, Las Vegas 165 (abstract # 296)
101. Herr HW (1979) Complication of pelvic lymphadenectomy and retropubic prostatic ^{125}I implantation. Urology 14:226
102. Ross G Jr, Borkon WD, Landry LJ, et al (1982) Preliminary observations on the result of combined ^{125}iodine seed implantation and external irradiation for carcinoma of the prostate. J Urol 127:699
103. Cumes DM, Goffinet DR, Martinez A, et al (1981) Complications of ^{125}iodine implantation and pelvic lymphadenectomy for prostatic cancer with special reference to patients who had failed external beam therapy as their initial mode of therapy. J Urol 126:620
104. Scardino PT, Cuerriero WG, Carlton CE Jr (1982) Surgical staging and combined therapy with radioactive gold grain implantation and external irradiation. In: Johnson DE, Boileau MA (eds) Genitourinary tumors: fundamental principles and surgical techniques. Grune & Stratton, New York, p 75
105. Court B, Chassagne D (1977) Interstitial radiation therapy of cancer of the prostate using iridium 192 wires. Cancer Treat Rep 61:329
106. Leach GE, Cooper JF, Kagan AR, et al (1982) Radiotherapy for prostatic carcinoma: post-irradiation prostatic biopsy and recurrence patterns with long-term follow-up. J Urol 128:505
107. Benson RC Jr, Hasan SM, Jones AG, et al (1982) External beam radiotherapy for palliation of pain from metastatic carcinoma of the prostate. J Urol 127:69
108. Rowland CG, Bullimore JA, Smith PJB, et al (1981) Half-body irradiation in the treatment of metastatic prostatic carcinoma. Br J Urol 53:628
109. Keen CW (1980) Half body radiotherapy in the management of metastatic carcinoma of the prostate. J Urol 123:713
110. Kraus PA, Lytton B, Weiss RM, et al (1972) Radiation therapy for local palliative treatment of prostatic cancer. J Urol 108:612
111. Walsh PC, Siitieri PK (1975) Suppression of plasma androgens by spironolactone in castrated men with carcinoma of the prostate. J Urol 114:254
112. Senge T, Hulshoff T, Tunn V, et al (1982) Testosteron-Konzentration im Serum nach subkapsulärer Orchiektomie. Urologe 17:382

113. Altwein JE, Bandhauer K (1976) Langzeituntersuchungen der testikulär-hypophysä-
     ren Wechselbeziehung beim Prostatakarzinom. Akt Urol 7:101
114. Glashan RW, Robinson MRG (1981) Cardiovascular complications in the treatment
     of prostatic carcinoma. Br J Urol 53:624
115. Geller J, Albert J, Yen SSC (1978) Treatment of advanced cancer of prostate with
     megestrol acetate. Urology 12:537
116. Corbin A (1982) From contraception to cancer: a review of the therapeutic applica-
     tions of LHRH analogues as antitumor agents. Yale J Biol Med 55:27
117. Huggins C, Hodges CV (1941) Studies on prostatic cancer; effect of castration, of
     estrogen and of androgen injection on serum phosphatases in metastatic carci-
     noma of the prostate. Cancer Res 1:293
118. Labrie F, Dupont A, Belanger A, et al (1982) New hormonal therapy in prostatic carci-
     noma: combined treatment with a LH-RH agonist and an antiandrogen. Clin Invest
     Med 5:267
119. Sanford EJ, Drago JR, Rohner TJ Jr, et al (1976) Aminoglutethimide medical adrenal-
     ectomy for advanced prostatic carcinoma. J Urol 115:170
120. Jakse E (Urologische Arbeitsgruppe der Arbeitsgemeinschaft für Chirurgische On-
     kologie) (1987) Manual der Urologischen Krebstherapie. Facultas, Wien

Übersichtsarbeiten

1. Jacobi GH (1982) Tumoren der Prostata und Samenblase. In: Hohenfellner R (Hrsg)
   Urologie in Klinik und Praxis, Bd 1. Thieme, Stuttgart New York, S 566
   (Im Text zitiert unter [64])
2. Catalona WJ, Scott WW (1986) Carcinoma of the prostate. In: Walsh PC, Gittes RF,
   Perlmutter AD, et al (eds) Campbell's urology, vol 2. Saunders, Philadelphia, p 1463
   (Im Text zitiert unter [19])

Klinik, Differentialdiagnose und Therapie des Melanoms

P. Fritsch und E. Pichler

Definition

Das Melanom ist der maligne Tumor der Melanozyten (Pigmentzellen) der Haut und der körpernahen Schleimhäute, in Ausnahmefällen auch anderer Organe (Auge, Meningen, Lymphknoten, etc.)

Allgemeines

Das Melanom ist der (von einigen extrem seltenen Tumoren abgesehen) bösartigste Tumor der Haut und zählt zu den bösartigsten Tumoren überhaupt. Kennzeichnend sind die Vielfältigkeit seiner klinischen Erscheinungsformen, sein oft kapriziöser Verlauf, die Interaktion des Tumors mit dem Immunsystem, die weitgehende Wirkungslosigkeit aller Therapiemodalitäten mit Ausnahme der operativen und schließlich der Gesellschaftsbezug des Melanoms: einerseits besteht ein seltsames Nebeneinander von Sorglosigkeit und Angst in der Bevölkerung, andererseits konnte gerade am Beispiel des Melanoms gezeigt werden, daß gezielte und effiziente Aufklärungskampagnen von Erfolg begleitet sein können (Australien). Das Melanom stellt, auch in Österreich, einen bedeutsamen Krankheitsfaktor dar, wird jedoch leider von den staatlichen Stellen nicht in entsprechender Weise berücksichtigt (z. B. Fehlen der Gesundenuntersuchung; mangelnde Unterstützung von Aufklärungsinitiativen; keine gezielte statistische Erfassung). Eine weitere Eigenheit ist schließlich die interdisziplinäre Rolle des Melanoms zwischen Dermatologie und Plastischer Chirurgie.

Abkunft

Melanozyten sind Pigment (Melanin)-produzierende Dendritenzellen, die als Symbionten der Epidermis der Basalmembran von Epidermis und Haarfollikeln unmittelbar aufsitzen und im histologischen Schnitt hell erscheinen. Sie sind neuroektodermaler Abkunft und wandern ab der 8. Schwangerschaftswoche über die Dermis in die Haut des Feten ein. Am Wege liegengebliebene Melanozyten sind Keime für die Entstehung der sog. dermalen Melanozytosen (Mongolenfleck, Blauer Naevus). Das Syntheseprodukt Melanin ist ein unlösliches Polymer von Tyrosin, das durch Tyrosinase, eine Kupfer enthaltende aerobe Oxydase, gebildet wird. Man unterscheidet das braun-schwarze, chemisch sehr resistente Eumelanin von der Gruppe der gelblich-rötlichen Phäomelanine (das dominierende Pigment bei Rothaarigen). Phäomelanine bewirken eine schlechtere Lichtabsorption, wodurch eine erhöhte UV-Empfindlichkeit der Rothaarigen resultiert. Das synthetisierte Melanin wird im Melanozyten in Partikeln paketiert (Melanosomen) und mittels der Dendriten an die umgebenden Keratinozyten abgegeben (Pigmenttransfer). Jeder Melanozyt versorgt etwa 30 Keratinozyten (*epidermale Melanineinheit*). Die Melaninproduktion wird durch UV-Bestrahlung stimuliert (Sonnenbräunung). Hauptwirksam ist hiebei das (kurzwellige) UVB-Licht. Die UV-induzierte Steigerung der Pigmentproduktion ist ein Schutzmechanismus, der erst in den Keratinozyten zum Tragen kommt (Melanin wirkt als Energiefilter). Die Melanosomen sind im Keratinozyt im Pernuklearraum kappenartig über dem oberen Kernpol angeordnet. Dunkelhäutige Rassen produzieren nicht nur mehr Melanin, sondern tragen dies auch feiner dispergiert im Zytoplasma der Zellen, woraus ein besserer Lichtschutz resultiert.

Pathologische Zustände der Melanozyten sind außerordentlich vielgestaltig. Der von ihnen abstammende gutartige Tumor ist der Pigmentnaevus.

Epidemiologie

Das Melanom ist weltweit (unter der weißen Bevölkerung) im Anstieg. Seine Inzidenz liegt zwischen knapp 1 und 40 Krankheitsfällen pro Jahr und 100.000 Einwohner (Hongkong; Queensland, Australien); in Zentraleuropa liegt die Häufigkeit bei ca. 5 bis 6 Fällen pro Jahr und 100.000 Einwohner [1].

Auslösende bzw. prädisponierende Faktoren

Eine ganze Reihe solcher Faktoren ist hier wirksam. Der wichtigste ist, wie bei vielen anderen Tumoren der Haut, das Sonnen(UV)licht [2]. Wie bei diesen ist die geographische Inzidenz bei Weißen mit der kumulativen eingestrahlten UV-Energie korreliert (Süd-Nord-Gefälle); die höchste Inzidenz von Melanomen findet sich daher in Australien. Dunkelhäutige Rassen entwickeln aufgrund ihres sehr wirksamen Pigmentschutzes außerordentlich selten Melanome; diese seltenen Ausnahmen sind Melanome der Handflächen und Fußsohlen (die bei Negern hell sind) oder Schleimhautmelanome. Allerdings korreliert – im Gegensatz zum Plattenepithelkarzinom der Haut – die Verteilung der Melanome am Körper nicht oder nur bedingt mit dem Ausmaß der kumulativen Sonnenexposition. Die sog. *sonnenexponierten Körperteile* (Gesicht, Handrücken, Unterarme) sind Prädilektionsstellen nur einer Unterart des Melanoms, und zwar der Lentigo maligna (gerade die vergleichsweise benigneste Variante). Generell sind die

Melanome ziemlich gleichmäßig über den Körper verteilt, wobei bei den Männern eine relative Häufung am Rücken und bei den Frauen eine solche an den unteren Extremitäten gegeben ist. Warum dies so ist, ist nicht völlig klar. Ein Teil der Erklärung liegt jedoch darin, daß nicht allein die kumulative eingestrahlte UV-Energie zählt, sondern auch die Abruptheit, mit der die Sonnenexpositionen erfolgt sind. Bei chronischer Sonnenexposition filtert die permanente Bräunung einen beträchtlichen Teil der kumulativen UV-Belastung aus; dies ist jedoch nicht der Fall, wenn der bleiche Körper intermittierend massiv der Sonne ausgesetzt wird. Es sind also gerade die Großstädter, die sich immer wieder durch exzessive Sonnenbestrahlung eine *sportliche* Bräunung innerhalb kurzer Zeit erwerben wollen (Sonnenbrände!), mehr melanomgefährdet als die Landbewohner, die lebenslang der Sonne ausgesetzt sind. Ein solcher sozialer Trend geht aus den Melanomstatistiken hervor.

Ein weiterer wichtiger prädisponierender Faktor ist die Rasse; abgesehen von der Selbstverständlichkeit, daß Weiße und insbesondere Personen mit *keltischer* Komplexion besonders gefährdet und Neger so gut wie ungefährdet sind, bleibt der Umstand, daß Ostasiaten (trotz ihrer vergleichsweise hellen Hautfarbe) sehr selten an Melanomen erkranken. Von Bedeutung ist ferner eine familiäre Belastung. Es gibt sog. *Melanomfamilien*, innerhalb derer das Auftreten von Melanomen autosomal-dominant vererbt zu werden scheint; Mitglieder solcher Familien sind meist durch zahlreiche und besonders auch atypische, sog. *dysplastische* Naevi gekennzeichnet und können nicht selten auch mehrere primäre Melanome entwickeln [3]. Der Verlauf solcher familiärer Melanome scheint etwas milder zu sein als der der sporadischen. Schließlich gibt es noch eine Geschlechtsdisposition; Melanome sind etwa wie 60:40 zwischen Frauen und Männern verteilt, wobei allerdings bei Frauen die häufigere Inzidenz durch den generell etwas milderen Verlauf ausgeglichen wird.

Erwähnt muß schließlich werden, daß manche durch besondere Tumorhäufigkeit charakterisierte genetische Syndrome eine exzessiv erhöhte Melanominzidenz haben (z. B. Xeroderma pigmentosum) und auch bei Immundefizienz die Zahl der Melanome erheblich ansteigt (Leukämien, Organtransplantation). Der wesentlichste dispositionelle Faktor liegt jedoch zweifellos am Vorhandensein der sog. **Präkursorläsionen** (Melanom-Vorläufer).

Verhältnis von Melanomen zu Pigmentnaevi

Es ist eine seit langem bekannte Tatsache, daß Melanome sowohl aus Pigmentnaevi hervorgehen als auch de novo entstehen können (letzteres wahrscheinlich in der Minderzahl). Es ist einer der wesentlichsten Fortschritte der Medizin, daß heute die risikoreichen Pigmentnaevi (Präkursorläsionen) gut definiert werden können.

Pigmentnaevi

Pigmentnaevi stellen eine Gruppe gutartiger melanozytärer Läsionen dar, bei denen die Grenzziehung zwischen Hamartom und Tumor kaum möglich ist. Sie umfassen ein großes Spektrum morphologischer Vielfalt, gehören zu den häufigsten Läsionen der Haut überhaupt und sind deshalb von besonderer Bedeutung, weil ihre Unterscheidung vom Melanom schwierig sein kann.

Alle Pigmentnaevi entsprechen im Grunde umschriebenen Vermehrungen von Melanozyten. In den allermeisten Fällen geschieht dies durch Entwicklung sog. *Naevuszellnester*; solche Naevi werden als *Naevuszellnaevi* bezeichnet. Die seltenen Fälle von Pigmentzellenvermehrung ohne Ausbildung von Naevuszellnestern sollen hier nicht besprochen werden.

Naevuszellnaevi sind die häufigste naevogene Fehlbildung des Hautorgans. Im Durchschnitt entfallen etwa 30–50 Naevuszellnaevi auf jedes Individuum, wobei allerdings die Häufigkeit sehr starken individuellen Schwankungen unterworfen ist. Manche Personen haben eine ausgesprochene *Naevuskonstitution* und entwickeln während ihres Lebens viele Hunderte derartiger Naevi, häufig auch solche vom dysplastischen Typ.

Bei Geburt sind lediglich die seltenen *kongenitalen* Naevi ausgebildet, meist noch oberflächlich und hell, jedoch schon in der endgültigen relativen Ausdehnung (das weitere Wachstum erfolgt in der Proportion zum Körperwachstum). Kongenitale Naevi sind durch ihre besondere Morphologie und Prognose gekennzeichnet [4] (siehe unter Melanom – Präkursoren).

Die *gewöhnlichen* Naevuszellnaevi entwickeln sich erst im Laufe der Kinderjahre und erreichen etwa mit der Pubertät ihre endgültige Zahl und Größe. Allerdings können auch im Erwachsenenalter noch Naevi hinzukommen (*Naevi tardi*). Solchen Naevi schreibt man eine höhere Wahrscheinlichkeit einer Umwandlung in Melanome zu.

Naevuszellnaevi können in sehr großer morphologischer Vielfalt auftreten, die sich als logische Konsequenz der Primärläsion (das Naevuszellnest) und des charakteristischen Entwicklungsganges der Naevi ergibt.

Naevuszellnester entstehen als kugelige Gebilde in der dermoepidermalen Junktionszone durch fokale Proliferation von Melanozyten. Melanozyten unterscheiden sich von den meisten anderen Zellen dadurch, daß sie mit größter Zähigkeit aneinander und an ihrer natürlichen Unterlage, der dermoepidermalen Junktionszone, haften. Kommt es also zur Proliferation, zeigen die neugebildeten Zellen wenig Tendenz zur horizontalen Ausbreitung entlang der Junktionszone, sondern bilden dreidimensionale Zellaggregate. Diese Zellhaufen können zu beachtlicher Größe anwachsen und tropfen im Laufe der Jahre nach unten in die Dermis ab, wo sie ihre Kugelform verlieren und zu größeren strang- oder nestartigen Aggregaten kuboidaler Zellen werden.

Der Lebensweg eines Naevuszellnaevus umfaßt folgende Schritte:

1. umschriebene Melanozytenverdichtungen an der Junktionszone mit Elongation und Verplumpung der Retezapfen und mit Einlagerung von Naevuszellnestern in der Junktionszone (Junktionsnaevus),

2. Abtropfung der Naevuszellnester in die Dermis, so daß diese sowohl an der Junktionszone (junktionale Aktivität) als auch in der Dermis vorhanden sind. Solche Naevi nennt man Compoundnaevi,

3. wenn der Prozeß der Abtropfung abgeschlossen ist, finden sich die (unpigmentierten) Naevuszellnester nur noch in der Dermis (dermaler Naevus).

Klinische Bilder

Junktionsnaevi

Junktionsnaevi sind meist kleine (einige Millimeter Durchmesser), flache, gerade noch tastbare, hell- bis dunkelbraune Läsionen von regelmäßiger (meist runder oder ovaler) Konfiguration und von nicht immer scharfer Begrenzung. Junktionale Naevi (wie alle Naevuszellnaevi!) wirken sowohl im Aufbau als auch in der Farbe homogen (wie aus einem Stück gegossen).

Compoundnaevi

Compoundnaevi zeigen eine mehrgestaltige Morphologie und oft auch komplexeren Aufbau. Durch die Volumsvermehrung (Abtropfung!) sind sie prominenter, knotiger und zeigen eine grobtexturierte, manchmal papillomatöse Oberfläche (Naevi papillomatosi). Ihre Farbe reicht von hell- bis schwarzbraun und ist gleichfalls homogen. Im Compoundnaevus wachsen oft dunkelpigmentierte, borstenartige Haare (Naevi pilosi), die manchmal von den dermalen Naevuszellmassen stranguliert und zu Hornzysten umgewandelt werden; solche Hornzysten entzünden sich leicht und stellen die häufigste Ursache von Juckreiz bei den ansonsten subjektiv symptomlosen Naevi dar (Differentialdiagnose zum Melanom!).

Dermale Naevi

Dermale Naevi finden sich erst in der zweiten Lebenshälfte und werden vom Patienten meist als Warzen gedeutet (Volksmund: *Hexenwarzen*). Es handelt sich um hautfarbene, meist halbkugelig prominente, derbe, fibromähnliche Gebilde, aus denen manchmal noch einzelne borstige Haare ragen.

Sonderformen von Naevuszellnaevi

Spindelzellnaevus (Spitz-Naevus)

Ein nicht seltener Naevustyp, der vorwiegend bei Kindern vorkommt. Er ist klinisch durch fast völligen Mangel an Pigment und durch seinen rötlichen Farbton gekennzeichnet; histologisch entspricht er einem Compoundnaevus mit spindeligen Naevuszellen von pseudoneoplastischem Aussehen. Wegen dieses Umstandes wurde früher die unglückliche Bezeichnung *juveniles Melanom* geprägt, die immer wieder zu ungerechtfertigten, radikalen Exzisionen verleitet. Spindelzellnaevi sind völlig harmlos und wandeln sich im Laufe der Jahre in typische Compound- und später in dermale Naevi um.
Klinische Differentialdiagnose: Naevoxanthoendotheliom, Klarzellakanthom.

Halonaevus (Sutton-Naevus)

Compoundnaevus mit einem bis 2 cm messenden kreisrunden, vitiligoartigen, weißen Randsaum. Halonaevi sind der Ausdruck einer immunologischen Reaktion gegen Pigmentzellen, die entweder als Einzelphänomen an einem oder mehreren Naevi oder im Rahmen einer systemischen Reaktion (bei Melanomen oder Vitiligo) auftreten kann. In den Anfangsstadien ist der Naevus selbst in der Mitte der Läsion noch gut erkennbar; im Laufe von Monaten bis Jahren kommt es zu dessen völliger Rückbildung. Anschließend wird die Läsion durch Melanozyten aus der Peripherie repopularisiert (Zuwachsen). Halonaevi treten besonders häufig am Rumpf von Jugendlichen auf.

Melanom-Präkursoren

Definition: Pigmentläsionen, die mit höherer Wahrscheinlichkeit als gewöhnliche Naevi in ein Melanom übergehen: kongenitale und dysplastische Naevi. Die Lentigo maligna (manchmal in diesen Begriff einbezogen) ist ein *Melanoma in situ.*
Bemerkung: Klarerweise ist *jede* Präkursorläsion hinsichtlich neoplastischer Transformation gefährdet. Die Wahrscheinlichkeit einer solchen (wird beim großen kongenitalen Naevus auf bis 30%, beim dysplastischen Naevussyndrom auf bis 10% geschätzt) bezieht sich jedoch auf das *Individuum*, nicht aber auf individuelle Läsionen oder Läsionsteile.

Klinische Bilder

Kongenitale Naevi

Kongenitale Naevi unterscheiden sich von den *gewöhnlichen* Naevi durch:
1. Zeitpunkt des Auftretens (schon bei Geburt),
2. Größe (von einigen Zentimetern bis riesig; *Tierfellnaevus*),
3. ihre voluminöse Beschaffenheit (chagrinlederartig, gebuckelt, papillär; histologisch massenhaft sehr tief reichende Naevuszellnester, oft mit neuroiden Formationen),
4. dunkelbraun-schwarze Farbe und
5. Behaarung (oft sehr intensiv, fellartig).
    Ausgedehnte kongenitale Naevi sind manchmal von analogen Läsionen der Meningen begleitet (*Melanophakomatose*).
Therapie: Ausgedehnte kongenitale Naevi müssen, meist in mehreren Sitzungen, exzidiert und plastisch-chirurgisch versorgt werden. Da das Melanomrisiko mit der Masse des Naevus korreliert ist, brauchen kleine kongenitale Naevi nicht unbedingt exzidiert zu werden; wo hier die Grenze zu ziehen ist, unterliegt bislang subjektiver Beurteilung.

Dysplastische Naevi

Dysplastische Naevi sind morphologisch von gewöhnlichen Naevi unterscheidbar und können entweder als isolierte Läsionen oder im Rahmen des *dysplastischen Naevussyndroms* auftreten.

Tabelle 1. Differentialdiagnose Pigmentnaevus – Melanom
(Allgemeine Kriterien)

	Naevus „regelmäßig"	Melanom „unregelmäßig"
Größe	klein (<1 cm)	groß (>1 cm)
Gesamteindruck	„ruhig"	„unruhig"
Konfiguration	rund	polyzyklisch, Ausläufer
Architektur	„aus einem Stück"	aus verschiedenen Anteilen zusammengesetzt
Hauttextur	vergröbert, aber erhalten	partiell oder gänzlich zerstört
Oberfläche	papillär, glatt	gebuckelt, fakultativ exulzeriert
Farbe	homogen	scheckig
Bestimmender Farbton	braun	schwarz
Entzündungszeichen	fehlen	fakultativ vorhanden

Erscheinungsform: Dysplastische Naevi sind etwas größer als gewöhnliche und zeigen die *morphologischen Charakteristika des Melanoms en miniature* (Tabelle 1): sie sind nicht homogen, sondern aus zwei oder mehreren verschieden gefärbten und texturierten (z. B. erhaben und flach) Anteilen zusammengesetzt und haben eine unregelmäßige Figur und Begrenzung; ein typischer Befund sind rötlich gefärbte Anteile. Auch histologisch unterscheiden sie sich durch angedeutete Kernatypie und Ausbildung mehrschichtiger Naevuszellagen und -brükken zwischen einzelnen Retezapfen (Naevuszellnester). Infiltrierendes Wachstum fehlt; entzündliche Reaktion gering bis fehlend.
Therapie: Jeder dysplastische Naevus sollte exzidiert werden.
Auflicht-(Epiluminiszenz)-Mikroskopie: Die Unterscheidung zwischen gewöhnlichen und dysplastischen Naevi bzw. kleinen Melanomen ist naturgemäß schwierig und in manchen Fällen trotz großer Sachkenntnis unmöglich. Hier kann die Auflichtmikroskopie als diagnostisches Hilfsmittel dienen: verdächtige Pigmentläsionen werden mit einem Tropfen Immersionsöl bedeckt und unter einem Glasobjektträger (hiedurch wird die Epidermis transparent) durch ein Operationsmikroskop betrachtet (Vergrößerung bis etwa 50 x). Diese Methode gestattet die Analyse des Läsionsrandes und anderer morphologischer Kriterien.

Dysplastisches Naevus-Syndrom

Das dysplastische Naevus-Syndrom [5] ist durch das Auftreten manchmal exzessiv zahlreicher Naevi, darunter vieler dysplastischer, bis weit in das Erwachsenenalter gekennzeichnet. Dieses Syndrom kann *sporadisch* auftreten, ist jedoch oft *familiär* gehäuft (autosomal dominant). Solche Personen entwickeln frühzeitig und häufig Melanome, nicht selten multiple primäre (gewöhnlich vom Superficial spreading melanoma-Typ). Das individuelle Melanom-Risiko ist hiebei umso größer, je stärker der genetische Faktor in der Familie manifest ist (am niedrigsten beim sporadischen, am höchsten beim familiären Syndrom [6] mit multiplen Melanomen betroffener Verwandter). Ein molekularer Defekt wurde noch nicht genau aufgedeckt, doch sind kultivierte Zellen erhöht UV-empfindlich.

Therapie und Kontrollen: Neben der selbstverständlichen Exzision aller verdächtigen Läsionen müssen lebenslang engmaschige Kontrollen (6 bis 12 Monate) durchgeführt werden, und der Patient muß eindringlich vor den Gefahren der UV-Exposition gewarnt werden. Ferner muß der Patient auf die Warnzeichen hingewiesen werden, die die drohende (oder schon erfolgte) Umwandlung eines Naevus in ein Melanom anzeigen.

„Warnzeichen" des Melanoms

Verschiedene morphologische Zeichen an (dysplastischen) Naevi deuten auf eine im Gang befindliche Umwandlung in ein Melanom hin und sind daher von höchster diagnostischer Bedeutung. Ihre Kenntnis ist nicht nur für den Arzt essentiell, sondern gleichzeitig ein wesentlicher Inhalt der Laieninformation. Diese Zeichen sind:
1. Neuauftreten von Pigmentläsionen nach der Lebensmitte,
2. Wachstum eines bestehenden Pigmentnaevus in Ausdehnung und/oder Höhe,
3. Ausbildung von unregelmäßigen Ausläufern,
4. Auftreten scheckiger Pigmentierung; tiefschwarze Farbe,
5. Entzündung und subjektive Beschwerden (Jucken),
6. Verletzlichkeit; Exulzeration
    Klarerweise sind nicht alle diese Warnzeichen für sich zur Verdachtsdiagnose eines Melanoms ausreichend, sondern das Zusammenspiel mehrerer.

Klassifikation des Melanoms

Wuchstypen

Die Einteilung in verschiedene Untergruppen geht weit über bloßen Formalismus hinaus, da die Einteilungskriterien nach der biologischen Verhaltensweise ausgerichtet sind und daher erhebliche prognostische Bedeutung haben. Der morphologischen Klassifikation liegen zwei wesentliche, kausal verknüpfte Phänomene zugrunde:
1. die Tendenz der Melanozyten, in ihrem Biotop (die dermoepidermale Junktionszone) zu verbleiben; diese Tendenz geht mit zunehmender Dedifferenzierung verloren,
2. der gesetzmäßige zeitliche Ablauf in der Wachstumsweise von Melanomen: eine verschieden lang währende horizontale Wachstumsphase, die schließlich von einer vertikalen Wachstumsphase (die schnell zur Metastasierung führt) abgelöst wird.
    Sind Melanomzellen nur in geringem Maße dedifferenziert, wachsen sie lediglich flächenhaft entlang der Junktionszone und entsprechen somit einem Fleck. Da die Basalmembran noch nirgends durchstoßen ist, handelt es sich vorerst um ein präinvasives Melanom. Eine solche Läsion wird als *Lentigo maligna*

bezeichnet. Im Zuge weiterer Dedifferenzierung durch Selektion aggressiverer Klone kommt es später (nach Jahren bis Jahrzehnten; benignester Verlaufstyp!) fokal zum Durchbrechen der Basallamina; es entsteht das sog. *Lentigo maligna-Melanom*. Klinisch zeigt sich dies durch Auftreten von Knötchen oder beetartigen Erhabenheiten innerhalb des Flecks.

Sind die Melanomzellen etwas mehr dedifferenziert, ist die Haftung in der Junktionszone von Anfang an nur mangelhaft. Die Folge ist dann zweierlei: die Hauptzahl der Melanomzellen liegt zwar weiterhin an der Junktionszone, doch wird ein Teil von ihnen – im Gegensatz zu den normalen Melanozyten und auch zu den Melanomzellen der Lentigo maligna – vom Förderband der aufsteigenden Keratinozyten mitgerissen und durchsetzt daher die gesamte Epidermis; histologisch erinnert dies an das Aussehen des Morbus Paget. Die zweite Folge ist, daß Melanomzellen dieser Art viel leichter die Basalmembran durchbrechen können. Solche Läsionen entsprechen klinisch nicht einem Fleck, sondern einer beetartigen Erhabenheit: Melanome dieser Bauart werden als *Superficial spreading melanoma (SSM)* bezeichnet. Diese Melanome zeigen in besonders auffälliger Weise das Vorhandensein verschiedener Zellklone. Aus einem derselben ergibt sich später ein vertikal in die Tiefe wachsender Zellstrang. Das SSM stellt in prognostischer Hinsicht das Mittelfeld der Melanome.

Sind die Melanomzellen stark dedifferenziert, zeigen sie überhaupt kein horizontales Wachstum und wuchern von vornherein vertikal in die Dermis ein. Dieser Typ, der als *noduläres Melanom* bezeichnet wird, hat die schlechteste *Prognose*.

Neben diesen drei Grundtypen werden noch die akral-lentiginösen Melanome, die Schleimhautmelanome und die Melanome des Auges, des ZNS und – extrem selten – der inneren Organe unterschieden.

Häufigkeit der Melanomtypen

Das SSM stellt weltweit etwa die Hälfte, das Lentigo maligna-Melanom und das noduläre Melanom je ein Sechstel und die übrigen Typen zusammen den Rest aller Melanome.

Staging

Bei klinischem Verdacht auf Melanom erfolgt zuerst ein für das weitere Procedere maßgebliches *klinisches Staging*: Feststellung von Satelliten- bzw. In-transit-Metastasen; Untersuchung auf regionäre und Fern-Metastasen (bei fundiertem Verdacht gleich unter Zuhilfenahme der entsprechenden klinischen, labormäßigen und bildgebenden Verfahren). Das klinische Staging wird dann nach der operativen Behandlung entsprechend dem histologischen Befund in das *endgültige Staging* umgewandelt. Mehrere Staging-Systeme sind in Verwendung (Tabelle 2, 3), wobei jedoch die TNM-Klassifikation (Tabelle 3) die weiteste Verbreitung besitzt. Ein konsequent durchgeführtes Staging ist die Voraussetzung für die Vergleichbarkeit von Patientenserien und daher die Grundlage zur Entwicklung verbesserter Behandlungsstrategien.

Tabelle 2. Stadieneinteilung des Melanoms

1. Ursprüngliches „3-Stadien-System"

Stadium I   Lokalisiertes primäres Melanom
       IA Primärtumor mit Satellitenmetastasen (innerhalb 5 cm)
       II Regionäre Lymphknotenmetastasen oder In-transit-Metastasen
       III Fernmetastasen

2. Stadieneinteilung nach „International Union against Cancer (UICC)"

Stadium IA Primärtumor: Clark Level II, III; Breslow Dicke $\leqq 1{,}5$ mm
       IB Primärtumor: Clark Level IV, V; Breslow Dicke $\geqq 1{,}51$ mm
       II Regionale Lymphknotenmetastasen
       III Juxta regionale Lymphknotenmetastasen
       IV Fernmetastasen

3. Stadieneinteilung nach „American Joint Committee on Cancer"

Stadium IA $T_1 \, N_0 \, M_0$
       IB $T_2 \, N_0 \, M_0$
       IIA $T_3 \, N_0 \, M_0$
       IIB $T_4 \, N_0 \, M_0$
       III $T_{1-4} \, N_1 \, M_0$
       IV $T_{1-4} \, N_2 \, M_0$
           $T_{1-4} \, N_{1-2}$ oder M_2

TNM siehe Tabelle 3

Tabelle 3. TNM-Kriterien

Primärtumor (T)

T_x unbekannter Primärtumor
T_0 Melanoma in situ (Clark Level I)
T_1 Clark Level II oder Tumordicke $< 0{,}75$ mm
T_2 Clark Level III oder Tumordicke $0{,}76{-}1{,}5$ mm
T_3 Clark Level IV oder Tumordicke $1{,}51{-}4{,}0$ mm
T_4 Clark Level V oder Tumordicke $> 4{,}1$ mm oder Satellitenmetastasen innerhalb
     2 cm vom Primärtumor entfernt

Lymphknotenbefall (N)

N_x Untersuchungsbedingungen eingeschränkt
N_0 kein Lymphknotenbefall
N_1 regionäre Lymphknotenmetastasen – 1 Lymphknotenstation (verschieblich)
     < 5 cm im Durchmesser oder < 5 In-transit-Metastasen über 2 cm
     vom Primärtumor entfernt
N_2 regionäre Lymphknotenmetastasen – > 1 Lymphknotenstation oder regionäre
     Lymphknotenmetastasen > 5 cm im Durchmesser, fixiert > 5 In-transit-
     Metastasen über 2 cm vom Primärtumor entfernt

Fernmetastasen (M)

M_x Untersuchungsbedingungen eingeschränkt
M_0 keine Fernmetastase
M_1 kutane und subkutane Metastasen außerhalb der regionären Lymphabflußbahn
M_2 viszerale Metastasen

Klinische Bilder des Melanoms

Lentigo maligna

Die Lentigo maligna ist als fleckartiges präinvasives Melanom definiert, das sich nach jahre- bis jahrzehntelangem Bestand in das Lentigo maligna-Melanom umwandelt. Sie ist eine Läsion des Alters (Inzidenzgipfel 7. und 8. Lebensjahrzehnt) und findet sich fast ausschließlich in sonnenexponierten Körperregionen (Gesicht, Handrücken, Unterarme). Sie besteht aus einem einige Millimeter bis Handteller großen Fleck (nicht tastbar!) mit scharfer polyzyklischer Begrenzung, unregelmäßiger Gestalt, dunkelbrauner bis schwarzer Farbe und von scheckigem Aussehen. Die Scheckigkeit wird durch Tumorklone verschiedener Melanisierungspotenz sowie durch fokale Rückbildung bedingt.
Differentialdiagnose: siehe Tabelle 4.
Histologie: Die Epidermis ist an der Basalschicht wie umrändelt von einem einschichtigen Band vakuolisierter, teils melanisierter Zellen mit deutlichen Kernatypien und relativ reichlich Mitosen. Die neoplastischen Melanozyten wandern auch in die Haarfollikel ein.

Ein Lentigo maligna-Melanom zeigt zusätzlich zu den beschriebenen Veränderungen tastbare Erhabenheiten, die entweder knotig oder beetartig sein können (vertikale Wachstumsphase).

Superficial spreading melanoma (SSM)

Altersgipfel: Erwachsenenalter.
Das SSM verfügt über die größte morphologische Vielfalt; grundsätzlich handelt es sich um einen beetartig erhabenen, dunkelbraunen bis schwarzen Herd von einigen Millimetern bis Zentimetern Größe, der – wegen der Vielfalt vorhandener Zellklone von verschiedener Charakteristik – ein in vielen Beziehungen heterogenes Bild bietet: die Begrenzung ist polyzyklisch, unregelmäßig, bizarr, meist aber scharf. Die Höhe des Tumors ist unterschiedlich; erhabene und eingesunkene Areale gehen ineinander über, so daß die Oberfläche unregelmäßig gestaltet ist und nicht (wie beim Naevus) lediglich einer Vergröberung der präexistenten Hautstruktur entspricht. Die Farbe ist gleichfalls inhomogen: verschieden pigmentierte, oft scharf voneinander abgegrenzte Bezirke ergeben eine Mischung von hell- bis dunkelbraun und schwarz; daneben Areale mit blauschwarzer oder stahlblauer Farbe (pigmentierte Tumormassen in der tiefen Dermis); daneben wieder rötliche (Gefäßreichtum!) und weißliche Areale (entsprechen depigmentierten Tumorzellaggregaten oder partieller Involution). Das SSM bietet daher (wie generell alle Melanome) ein scheckiges buntes Bild (treffender Vergleich: die Farben der amerikanischen Flagge).

Das SSM ist mäßig derb bis weich und relativ leicht verletzlich. Es wächst vergleichsweise rasch (Monate bis Jahre); der Übergang von der horizontalen in die vertikale Wachstumsphase ist wieder durch das Auftreten von Knoten innerhalb des SSM gekennzeichnet.
Differentialdiagnose: siehe Tabelle 4.

Tabelle 4. Differentialdiagnosen

Lentigo maligna	Lentigo simplex Flache seborrhoische Warze Flache aktinische Keratose
Superficial spreading melanoma	Junktionsnaevus Verruca seborrhoica Pigmentiertes Basaliom
Noduläres Melanom	Pigmentiertes Basaliom Histiozytom Thrombosiertes Angiom Granuloma pyogenicum
Akral-lentiginöses Melanom	Hämorrhagie, Blutblase (mechanisch) Farbstoffeinsprengung Junktionsnaevus
Amelanotisches Melanom (oberflächlich)	Morbus Bowen Superfizielles Basaliom Morbus Paget Portwein-Naevus Ekzem Sonnenschaden (Erythem, Teleangiektasie)
(knotig)	Bowen Karzinom Schweißdrüsenkarzinom

Histologie: Die Tumorzellen ergeben ein mehrschichtiges Band in der Junktionszone, das teils oberhalb, teils unterhalb der Basalmembran gelagert ist; zusätzlich disseminierte Durchsetzung der Epidermis durch Melanomzellen (Morbus
Paget-artig).

Noduläres Melanom

Das noduläre Melanom ist die aggressivste Variante des Melanoms, die durch
das Fehlen einer horizontalen Wachstumsphase und sofortiges vertikales Ein-
wachsen in die Haut gekennzeichnet ist. Das noduläre Melanom besteht aus
einem Knoten von einigen Millimetern bis einigen Zentimetern Größe, der
meist dunkelbraun-schwarz pigmentiert ist, aber, wie das SSM, ein scheckiges
buntes Farbgemisch bietet. Das noduläre Melanom ist meist relativ weich, verletzlich, nicht selten erosiv oder exulzeriert, teilweise nekrotisch. Blutungsnei-
gung! Rasches Wachstum (Monate!).
Differentialdiagnose: siehe Tabelle 4.
Histologie: Die Melanomzellen bilden einen großen Knoten, der die Epidermis
nach oben halbkugelig verdrängt.

Merke: Die gegebene Beschreibung der Melanomtypen ist eine idealisierende;
Überlappungsformen kommen vor. Dies trifft besonders für flache Formen von
SSM zu, die nahtlos (klinisch wie histologisch) in eine Lentigo maligna übergehen

können. Wichtig ist ferner, daß knotige Tumorareale in einem Lentigo maligna-Melanom oder SSM morphologisch völlig einem nodulären Melanom gleichen; bei besonders schnellem Wachstum solcher Knoten kann es sogar zur Überdeckung und daher zum Unkenntlichwerden der ursprünglichen Wuchsform des Melanoms kommen.

Akral-lentiginöses Melanom

Das akral-lentiginöse Melanom stellt eine Sonderform des SSM dar, das durch seine Lokalisation an den Akren (physiologisch hypertrophe Epidermis) flacher (lentiginöser!) aussieht, als es seiner biologischen Wertigkeit und dem histologischen Bild entspricht.

Das akral-lentiginöse Melanom entspricht klinisch einem polyzyklischen, bizarr konfigurierten, dunkelbraunen bis schwarzen Fleck, in dem histologisch die Melanomzellen die unteren malpighischen Schichten bandartig durchsetzen. Es findet sich meist an Handflächen und Fußsohlen, an den Finger- oder Zehenendgliedern, aber auch subungual oder in der Nagelmatrix und erscheint dann als longitudinaler brauner Strich des Nagels (Melaninniederschläge in der Nagelplatte); es hat eine relativ schlechtere Prognose als das SSM der Körperhaut.

Schleimhautmelanome

Schleimhautmelanome entsprechen meist im Aufbau dem nodulären Melanom. Auch Schleimhautmelanome haben eine vergleichsweise schlechtere Prognose als Melanome der Körperhaut.

Sonderformen der Melanome

Depigmentiertes Melanom

Das depigmentierte Melanom, meist vom nodulären Typ, setzt sich aus besonders dedifferenzierten Zellen zusammen, die zur Melaninproduktion nicht befähigt sind. Sie entsprechen klinisch hautfarbenen, gebuckelten, erosiven, exulzerierten Tumorknoten, die von dedifferenzierten Plattenepithelkarzinomen oder einem Granuloma pyogenicum oft nur schwer unterscheidbar sind. Zumeist bleiben jedoch kleinere, oft sehr unauffällige Bezirke mit Melaninproduktion übrig, die die Diagnose erleichtern. Die sehr seltenen flachen depigmentierten Melanome sind differentialdiagnostisch besonders schwierig.

Partiell (oder total) rückgebildetes Melanom

Die partielle Rückbildung ist ein durchgehender Charakterzug sämtlicher Melanomtypen; er beruht auf der immunologischen Abwehr humoraler wie zellulärer Natur, die beim Melanom viel stärker ausgeprägt ist als bei den meisten anderen malignen Tumoren. Auf ihr beruht auch die nicht seltene konkomitante Entwicklung von Vitiligo und Halonaevi. Die partielle Rückbildung eines Melanoms äußert sich meistens in einer bezirksweisen Durchsetzung des Melanoms mit weißlichen, eingesunkenen, unregelmäßig konfigurierten Arealen, in denen eine grau-blaue Pünktelung (dermale Melanophagennester oder Melanomzellinseln) sichtbar sein kann. Während die partielle Rückbildung verschiedenen Ausmaßes ein sehr häufiges, fast obligates Phänomen ist, ist eine totale Rückbildung vor Ausbildung von Metastasen wahrscheinlich eine große Seltenheit (über die Häufigkeit einer solchen Entwicklung ist man natürlich nur auf Vermutungen angewiesen). Nicht ganz so selten ist hingegen die totale Rückbildung des Primärherdes bei bestehender Metastasierung. Solche Fälle, die man als *metastasierendes Melanom ohne Primärtumor* bezeichnet, stellen wahrscheinlich das Gros jener Fallbeschreibungen dar, in denen primäre Melanome der inneren Organe vermutet werden. Ein völlig zurückgebildeter Primärherd kann meist nur indirekt erschlossen werden (unauffällige hypopigmentierte Stelle im Versorgungsbereich der befallenen Lymphknotenstation; die anamnestischen Angaben, daß hier früher ein Muttermal bestanden habe, etc.). Regressionszeichen bedeuten durchwegs eine schlechtere Prognose [7].

Desmoplastisches Melanom

Das desmoplastische Melanom entspricht einem nodulären Melanom, das sich durch eine intensive fibrosierende Stromareaktion auszeichnet, meistens depigmentiert und histologisch aus Spindelzellen aufgebaut ist. Solche Melanome sehen klinisch uncharakteristisch aus (ähnlich einem Dermatofibrosarcoma protuberans, atypischen Fibroxanthom, etc.) und können häufig nur mittels elektronenmikroskopischen Nachweises von Melanosomen diagnostiziert werden.

Melanom im Kindesalter

Auftreten: vor dem 14. Lebensjahr.
Vor der Definition des Spitznaevus (1948), der histologisch große Ähnlichkeit mit dem Melanom hat, galt die Inzidenz des kindlichen Melanoms [8] fälschlich als hoch. Heute wird die Inzidenz bei 0,3–0,4% (der Gesamtmelanome) – also sehr niedrig – geschätzt. Für ein erhöhtes Risiko des Auftretens kindlicher Melanome gelten: Melanom der Mutter (sog. kongenitales Melanom), Xeroderma pigmentosum sowie Bestehen eines kongenitalen Riesenpigmentnaevus. Kindliche Melanome zeichnen sich durch Neigung zu Exulzeration und relativ stärkere subjektive Symptome aus, sind aber in ihrer Prognose kaum unterschiedlich von denen Erwachsener.

Metastasierungstypen

Man unterscheidet *Satellitenmetastasen* (unmittelbar um den Primärtumor gelegen, lymphogen), *In-transit-Metastasen* (zwischen Primärtumor und der regionalen Lymphknotenstation; lymphogen), *regionale Lymphknotenmetastasen* und *Fernmetastasen* (hämatogen).

Morphologisch können sie unter folgenden Formen auftreten:

Kutane Metastasen: Multiple kleine, schwarze bis schwarz-bläuliche Knötchen, die lymphogen in der Nachbarschaft des Primärtumors oft in exzessivem Ausmaß auftreten; vergleichsweise protrahierter Verlauf.

Subkutane Metastasen: Multiple große, hautfarbene Knoten (liegen zu tief, als daß das Pigment durch die Haut durchschimmern könnte). Dieser Metastasierungstyp erfolgt hämatogen und ist daher in der Regel mit inneren Metastasen verknüpft. Prädilektionsorgane: ZNS, Leber, Lunge, Knochen, Darm, Pankreas.

Diffuse Metastasierung: Der gesamte Körper wird von disseminierten, einzeln stehenden Melanomzellen durchsetzt (der Körper ist eine einzige Metastase). Folge: diffus grau-bräunliche Verfärbung der Haut. Solche Patienten scheiden (wie gelegentlich auch Patienten mit dem subkutanen Typ der Metastasierung) Melanin und dessen Vorstufen im Harn aus.

Diagnosestellung

Die Stellung der Verdachtsdiagnose und des präoperativen Staging erfolgt klinisch, fallweise unter Zuhilfenahme des Auflicht-Mikroskops. Die endgültige Diagnose und das Staging beruhen auf den histologischen Ergebnissen der Operationspräparate bzw. der auxilliären Untersuchung. Kann die Diagnose klinisch nicht gestellt werden, ist bei suspekten Pigmentläsionen die *Exzisionsbiopsie* indiziert, d. h. Exzision mit einem Sicherheitsabstand von 0,5–1 cm. Eine Inzisionsbiopsie sollte nur Ausnahmefällen (besondere Lokalisation) vorbehalten sein. Obwohl die Verschleppung von Tumorzellen durch Inzision bislang nie nachgewiesen und die Relevanz einer solchen eher unwahrscheinlich ist, gibt es noch zu wenig Daten zur Abschätzung des Risikos [9] und zur Rechtfertigung eines großzügigen Einsatzes dieser Vorgangsweise. Ein weiterer Nachteil der Inzisionsbiopsie ist, daß die endgültige Messung der Tumordicke bei nachfolgender Exzision oft nicht mehr exakt durchgeführt werden kann. *Schnellschnittuntersuchungen* sind gleichfalls von begrenzter Nützlichkeit, da diese Technik die einwandfreie Beurteilung schwieriger Zustände oft nicht zuläßt.

Prognose des Melanoms

Sie wird von einer Vielzahl von Faktoren bestimmt. Der wesentlichste Faktor ist hiebei das Stadium, in dem die Therapie des Melanoms durchgeführt wird. Die Fünfjahresüberlebensquote von Melanomen (ohne Rücksicht auf Wuchstyp) im Stadium I (Primärtumor ohne Metastasen) beträgt etwa 70%, im Stadium II (Primärtumor plus regionäre Lymphknotenmetastasen) etwa 20%, im Stadium III (Fernmetastasen) knapp über 0%. Die meisten Melanome metastasieren innerhalb der ersten 3 Jahre nach der Operation, doch können Metastasen noch nach 10–15 Jahren auftreten – in extremen Ausnahmefällen sogar noch später. Da die meisten jener überlebenden 20% von Stadium II-Fällen nach dem Ablauf von 5 Jahren an Metastasen verstorben sind, kann man die grobe, nur in Ausnahmefällen unrichtige Regel aufstellen, daß das Auftreten von klinisch faßbaren regionären Lymphknotenmetastasen einer schlechten Prognose gleichkommt. An dieser Situation hat sich auch heute trotz der modernen Therapieformen wenig geändert; verbessert hat sich hingegen die Prognose insofern, als die Melanome durchschnittlich viel häufiger in frühen, prognostisch günstigen Stadien diagnostiziert [10] (Lernprozeß von Arzt und Patienten) und einer rationaleren Therapie unterzogen werden.

Für Melanome im Stadium I sind ein außerordentlich wichtiges Kriterium und eine lange Reihe weniger wichtiger prognostischer Kriterien von Belang. Das wichtige Kriterium, das durch zahllose Statistiken untermauert wurde, ist das Ausmaß, in dem das Melanom vertikal in das Gewebe eingedrungen ist. Um dieses Ausmaß zu messen, gibt es zwei Einteilungskategorien:

a) das Clark'sche Schema [11] beruht auf einer relativen Beurteilungsmethode, bei der das Eindringen des Tumors in die präexistenten anatomischen Strukturen der Haut gemessen wird; Level I bedeutet Melanomzellen lediglich in der Epidermis (präinvasiv); bei Level II ist ein Durchbruch der Tumorzellen an einigen Foci erfolgt; bei Level III ist die gesamte papilläre Dermis von Tumorzellen erfüllt. Dringen die Tumorzellen in die retikuläre Dermis vor, liegt ein Level IV, bei Erreichen der Subkutis ein Level V vor. Die Fünfjahresüberlebensquoten sind deutlich mit dem Level des Primärtumors korreliert und reichen von 100% (Level I) bis 35% (Level V).

b) die absolute Messung der maximalen Tumordicke nach Breslow [12] erlaubt eine noch genauere prognostische Beurteilung. Bei dieser Einteilung ist die prognostische Verläßlichkeit deswegen besser, weil man von den regionären Kaliberschwankungen der Haut unabhängig ist. Melanome mit einer maximalen Tumordicke bis 0,75 mm sind prognostisch gut (Fünfjahresüberlebensquote bei 80%), Tumoren, die dicker als 3,0 mm sind, hingegen prognostisch schlecht (Überlebensquote 35%). Man spricht auch von *low risk-Melanomen* (bis 1,5 mm Dicke) und *high risk-Melanomen* (mehr als 1,5 mm Dicke), wobei allerdings diese Grenze etwas willkürlich gewählt ist (kontinuierliche Verschlechterung der Prognose bei zunehmender Tumordicke).

Der Tumorwuchstyp als solcher hat nur eine geringe prognostische Bedeutung; die Fünfjahresüberlebensquote eines nodulären Melanoms ist nur um weniges schlechter als die eines Lentigo maligna-Melanoms von derselben Tumordicke. Der Unterschied liegt jedoch darin, daß bei dem viel protrahierteren Verlauf der Lentigo maligna die Behandlung viel häufiger zu einem weniger fortgeschrittenen Zeitpunkt durchgeführt wird (geringere Tumordicke).

Von geringerer prognostischer Bedeutung sind folgende Faktoren: Melanome bei Männern zeigen ein etwas aggressiveres Verhalten als bei Frauen; ulzerierte, exophytische, mitosenreiche, etc. Melanome sind aggressiver als gleich dicke Tumoren ohne diese Charakteristika.

Ein weiterer wesentlicher prognostischer Punkt ist jedoch die Abwehrlage des Organismus. Bei Vorliegen einer unvorteilhaften Immunlage nehmen Melanome oft einen foudroyanten Verlauf (Patienten unter Immunsuppression; bei Lymphomen; Niereninsuffizienz, etc.). Diese Beobachtung zeigt wieder die wesentliche Rolle, die die Immunabwehr des Organismus im Verlauf des Melanoms spielt; auf ihr beruht das Rationale der sog. Immuntherapie und -prophylaxe des Melanoms.

Therapie des Melanoms
Operative Therapie

Die Therapie des Primärtumors ist grundsätzlich eine chirurgische; die Entfernung erfolgt weit (nach allen Seiten 3 cm vom Primärtumor) und tief (bis zur Faszie); lediglich bei Melanomen von Level I und II ist eine knappere Exzision statthaft [13]. Bei Melanomen in situ und Level II genügt ein freier Rand von 1 cm. Der entstandene Defekt wird primär durch Verschiebelappen oder Spalthaut gedeckt. Bei akral-lentiginösen Melanomen erfolgt Teilamputation. Bei Lokalisation im Gesicht und an den Schleimhäuten ist die radikale Entfernung der Melanome meist nur mit Kompromissen möglich und jedenfalls eine sehr eingreifende Operation.

Merke: Der Volksglaube, daß durch Schneiden ein Muttermal bösartig werde und daher ein Melanom nicht exzidiert werden dürfe, ist *falsch* und hat vielen Patienten das Leben gekostet. Gerade das Gegenteil ist richtig: *nur bei richtiger Exzision* kann das Leben des Patienten gerettet werden.

Sind regionäre Lymphknotenmetastasen tastbar, ist eine Ausräumung der Lymphknotenstation selbstverständlich. Die sehr wesentliche Frage der begleitenden *prophylaktischen Lymphknotenexstirpation* jedoch (also *ohne* tastbare Lymphknoten) ist noch nicht einheitlich geregelt und wird dementsprechend verschieden gehandhabt [14]. Es steht fest, daß bei einer erstaunlich hohen Zahl von primären Melanomen – die Häufigkeit steht in direkter Korrelation mit der Tumordicke – die klinisch nicht befallenen Lymphknoten Mikrometastasen bei Serienschnitten aufweisen; bei Tumoren dicker als 3 mm bis zu 50% [15].

Gegen eine prophylaktische Lymphknoten-Dissektion spricht die Tatsache, daß die regionalen Lymphknoten eine wichtige Rolle im immunologischen Abwehrmechanismus darstellen und auch als Filterstation fungieren. Weiters bestehen Befürchtungen, daß durch Störung der Lymphabflußbahnen das Zustandekommen von In-transit-Metastasen gefördert werden könnte. Hinzu kommen das erhöhte Operationsrisiko und postoperative Begleiterscheinungen, wie Lymphstau und Narbenschmerzen. Untermauert wird die Ablehnung der prophylaktischen Lymphknoten-Dissektion durch zwei randomisierte Studien [16, 17].

Für eine prophylaktische Lymphknoten-Dissektion sprechen Untersuchungsergebnisse umfassender, allerdings nicht randomisierter Studien aus den USA und Australien [18, 19]. Für ein bestimmtes Patientenkollektiv konnten deutlich höhere Zehnjahresüberlebensraten (10–40%) erzielt werden, nämlich für Patienten mit Tumordicke zwischen 1,5 und 3 mm.

Entschließt man sich zu einer prophylaktischen Lymphknoten-Dissektion, ergeben sich zwei wesentliche praktische Fragen: die nach ein- oder zweizeitiger Operation und weiters die nach den Lymphabflußgebieten bei den Melanomen der Mittellinie.

Die Voraussetzung für ein *einzeitiges* Vorgehen ist eine reibungslose Schnellschnittdiagnostik zur Tumordicke-Bestimmung (Bestimmung der Weite des Randes). Diese Vorgangsweise ist für den Patienten zwar die schonendere, da ihm eine zweite Narkose erspart bleibt, birgt jedoch den Nachteil einer möglichen Ungenauigkeit bei der Tumordicke-Bestimmung aus dem Kryostatschnitt. Die *zweizeitige* Lymphknoten-Dissektion ermöglicht anhand von Paraffinserienschnitten eine exakte Dicke-Bestimmung, ist aber für den Patienten belastender. Die Prognose wird durch eine zweizeitige Lymphknoten-Dissektion *nicht* beeinflußt.

Zur Bestimmung der Lymphabflußbahnen bei Mittellinien-Melanomen hat sich die Lymphszintigraphie mit Technetium-markiertem Antimonsulfidkolloid bewährt [20]. Bei diesem Verfahren erfolgt die Injektion der radioaktiven Substanz sowohl intra- als auch subkutan entweder um den Primärtumor herum oder bei bereits erfolgter Exzision des Primärtumors entlang der Ränder bzw. ins Zentrum der Exzisionsnarbe. Die Darstellung der Lymphknotengruppen gelingt nach 4–6 Stunden. Zeigt sich eine Drainage nach mehr als zwei Seiten, wird auf eine prophylaktische Lymphknoten-Dissektion verzichtet.

Von der noch bis vor wenigen Jahren üblichen verstümmelnden sog. **Monobloc-Resektion** (Entfernung des Primärtumors und der regionalen Lymphknoten in toto) ist man heute abgekommen, da deren Resultate nicht besser sind als bei den viel weniger eingreifenden oben geschilderten Strategien. Die Monobloc-Resektion wird heute nur mehr bei besonders günstigen anatomischen Verhältnissen (z. B. Primärtumor in unmittelbarer Nähe der Lymphknotenstation) durchgeführt.

Adjuvante Therapie

Seit Jahrzehnten wird versucht, die Ergebnisse der operativen Therapie durch zusätzliche medikamentöse Behandlung zu verbessern, wobei das Hauptziel die Stärkung der körpereigenen immunologischen Tumorabwehr war. Leider existiert bis heute keine sinnvolle und gesicherte adjuvante Therapie. Sowohl die adjuvante Chemotherapie mit Dacarbazin (DTIC) [21] als auch die immunmodulatorische Therapie (Tabelle 5) führen zu keiner zweifelsfreien Verbesserung der Überlebensrate. Hoffnungsgebiete sind trotz bislang ausgebliebenen greifbaren Ergebnissen Versuche mit Interferonen und anderen Zytokinen, da die Möglichkeiten des Einsatzes noch keinesfalls ausgeschöpft sind.

Tabelle 5. Immuntherapie

Unspezifische Immunstimulation	Bacillus Calmette-Guérin (BCG)
	Corynebacterium parvum
	Levamisol
	Transferfaktor
	Dinitrochlorobenzol (DNCB)
Immunmodulatoren	Interferone
	Tumornekrosefaktor
	Interleukin-2
Adoptive Immuntherapie	Lymphokin-aktivierte „Killer-Zellen" und rekombinantes Interleukin-2
	Tumor-infiltrierende Lymphozyten

Unspezifische Immunstimulation

Die unspezifische Immunstimulation erfolgt durch Applikation meist mikrobieller Produkte. Sie besitzt heute kaum mehr als historische Bedeutung. Die *BCG-Immunisierung* wurde aufgrund äußerst ermutigender Ergebnisse [22] vor etwa 15 Jahren routinemäßig eingeführt und gründete sich auf die Vorstellung, daß zwischen dem Bacillus Calmette-Guérin (BCG) und Melanomzelldeterminanten eine Antigengemeinschaft besteht; die kontinuierliche Zuführung des Tuberkelantigens bewirke daher eine starke Immunantwort gegen zurückgebliebene Melanomzellen. Der Wert dieser Maßnahme wurde früher offensichtlich überschätzt; es zeigte sich in den vergangenen zehn Jahren an randomisierten Studien, daß diese Therapie bezüglich Metastasierungsrisikos keinen Vorteil erbracht hat [23]. Aus diesem Grund entfernt man sich heute zunehmend von dieser Therapieform. Die BCG-Impfung hat auch den potentiellen Nachteil von lokalen (Granulome!) und systemischen Nebenwirkungen (grippeähnlich; aber auch BCG-Hepatitis und -Pneumonie wurden beschrieben). Bei Überschwemmung des Organismus mit BCG-Keimen ist auch eine Lähmung des Immunapparates und eine dadurch bedingte Verstärkung des Tumorwachstums möglich.

Immunprophylaxe mit anderen Mitteln (Bacillus subtilis, Corynebacterium parvum, Levamisol, Dinitrochlorobenzol (DNCB)) unterscheidet sich in ihrer Effektivität wenig von der BCG-Immunisierung.

Körpereigene Immunmodulation (Zytokine)

Interferone, Interleukin-2 und Tumornekrosefaktor sind von komplexer Wirkung, und ihr Effekt auf das Melanom ist noch unklar. Lange Zeit war ihr therapeutischer Einsatz aufgrund der limitierten Verfügbarkeit stark beschränkt, seit der gentechnologischen Gewinnung jedoch auf breiter Basis möglich. Am weitesten erprobt sind die Interferone, die bereits in zahlreichen kontrollierten Studien angewendet wurden. Neben ihrer antineoplastischen Wirkung im Sinne von Zytostase und Zytotoxizität gab vor allem der immunmodulatorische Effekt [24] mit vermehrter HLA-I und HLA-II-Expression, Erhöhung der Makrophagenaktivität und der *Natural killer*-Zellaktivität Anlaß zur Hoffnung auf eine gegen das metastasierende Melanom sehr wirksame Substanz. Leider hat sich diese Erwartung in zahlreichen Studien [25, 26] nicht erfüllt; die Ansprechrate liegt unter jener, die durch DTIC erreicht wird.

Bei Interferonen ist die Wirkung dosisabhängig; bei höherer Dosierung tritt die antineoplastische, bei niedriger Dosierung die immunmodulatorische Komponente in den Vordergrund. Hierauf basieren neuerdings begonnene Studien, in denen Interferone als *adjuvante Therapie* bei primärem Melanom mit hohem Metastasierungsrisiko eingesetzt werden. Eine Beurteilung dieser Therapieform ist zum jetzigen Zeitpunkt noch nicht möglich; sicher ist jedoch, daß mit ihr die Nebenwirkungen (grippale Symptome, Hepatotoxizität, Myelosuppression) äußerst gering gehalten werden können.

Wenig erfolgreich verliefen auch bisherige Versuche mit Interleukin-2 (IL-2). Im Gegensatz dazu wurden mit der **adoptiven Immuntherapie** [27] (in vitro mit IL-2 behandelte periphere Blutlymphozyten des Patienten mit anschließender

Reinfusion) sehr gute Resultate berichtet. Diese Art der Therapie ist allerdings noch im experimentellen Stadium, äußerst aufwendig und von erheblichen Nebenwirkungen begleitet. Ihr Einsatz ist für absehbare Zeit auf sehr wenige Zentren beschränkt.

Hypertherme Perfusion

Die hypertherme Perfusion [28] ist eine wegen ihrer komplizierten Technik speziellen Zentren vorbehaltene Therapieform von Melanomen der Extremitäten. Prinzip: Im Anschluß an die operative Behandlung werden die betroffenen Gliedmaßen von der Gefäßversorgung des übrigen Körpers isoliert, auf eine Temperatur von 40 °C erwärmt und mittels einer modifizierten Herz-Lungenmaschine mit einer zytostatikahaltigen (Melphalan) Perfusionslösung durchspült. Der Vorteil besteht darin, daß Zytostatika hochdosiert und unter Aussparung des übrigen Körpers verabreicht werden können. Durch die Hyperthermie wird die chemische Wirkung des Zytostatikums und auch der Zellmetabolismus erhöht, zusätzlich besteht eine Begünstigung durch Vasodilation. Nach vorliegenden Ergebnissen kann hiedurch bei Stadium I-Melanomen die Zehnjahresüberlebensrate gegenüber chirurgischem Vorgehen alleine um 15–20% erhöht werden; bei lokaler Lymphknoten-Metastasierung bzw. In-transit-Metastasen wurden nach operativer Entfernung des Tumorgewebes Zehnjahresüberlebensraten bis 57% erzielt. Allerdings ist eine endgültige Beurteilung dieser Methode heute gleichfalls noch nicht möglich. Wesentliche Nebenwirkungen bestehen aus starken Schmerzen während der ersten postoperativen Tage, Schwellungen der behandelten Extremität bis zu drei Monaten nach dem Eingriff und Auftreten von sensiblen und motorischen peripheren Nervenschäden. Selten werden Muskelnekrosen beobachtet (1–3%), die zur Amputation zwingen können (1,3%). Die Letalität liegt unter 1%.

Therapie metastasierender Melanome

Grundstrategie ist die radikale oder zumindest weitgehende Entfernung der Tumorherde (Reduktion der Tumorlast). In allen Fällen wird eine Chemotherapie mit Dacarbazin (DTIC) angeschlossen; dies ist das bislang einzige Zytostatikum, von dem eine palliative Wirkung (in sehr seltenen Fällen auch eine komplette Ausheilung) von metastasierenden Melanomen gesichert ist; allerdings sprechen nur etwa 25% der Fälle darauf an [29]. DTIC erzeugt als wichtigste Nebenwirkung zwar Übelkeit und ist in seltenen Fällen hepatotoxisch, ist aber nur wenig myelosuppressiv. Eine Rarität, allerdings lebensbedrohend, ist das venoocclusive Syndrom, das sich durch Eosinophilie und Anstieg der Leberenzyme ankündigt [30]. DTIC ist nicht liquorgängig; die Behandlung intrazerebraler Metastasen (häufiger Metastasierungsort des Melanoms!) kann daher nur auf neurochirurgischem Weg erfolgen, sofern möglich. Weiters in Gebrauch stehen Zytostatika wie CCNU, Vinca Alkaloide (Vindesin) und cis-Platin. Alle diese sind DTIC weder in Monotherapie noch in den bisher erprobten Kombinationen überlegen.

Radiotherapie

Die meisten Melanome sprechen auf eine Bestrahlungstherapie nur wenig an [31]. Diese Form der Therapie sollte daher nur als Palliativmaßnahme angewendet werden, kann aber in solchen Fällen von großem Nutzen sein (etwa bei der Linderung von Abflußhindernissen der Lymphbahnen).

Nachsorge

Wie bei allen malignen Tumoren ist eine regelmäßige, systematische Nachkontrolle beim Melanom unerläßlich. Kontrollen erfolgen in der Regel in den ersten beiden Jahren 3-monatlich, später halbjährlich. Während man diese früher mit 5 Jahren limitierte, setzt man sie heute bis 10 Jahre (oder länger) fort. Die Kontrollen beinhalten eine klinische Inspektion und Palpation des Operationsareals, der ableitenden Lymphwege und der regionären Lymphknotenstationen und des gesamten Integuments (Fernmetastasen, Zweitmelanome). Wesentlich sind gezielte anamnestische Fragen nach Symptomen von Metastasen in den Prädilektionsorganen (Knochenschmerzen, zerebrale Symptomatik, Koliken, Blut im Stuhl, Husten, Hämoptyse, Völlegefühl, Oberbauchschmerzen); routinemäßig werden ferner Labortests analoger Zielrichtung (Blutbild, alkalische Phosphatase, LDH, Blut im Stuhl, etc.), und meist in einjährigen Abständen oder bei Vorliegen besonderer Verdachtszeichen die entsprechenden bildgebenden Verfahren (Röntgen, Tomographie, Computertomographie, Sonographie) durchgeführt.

Die Tatsache, daß Melanome ab einer gewissen Tumordicke ein hohes Metastasierungsrisiko besitzen und es derzeit weder eine gesicherte adjuvante noch eine kurative Therapie bei Tumordissemination gibt, zwingt zu der Einsicht, daß mittelfristige Erfolge bei der Bekämpfung dieses Tumors nur durch frühere Erkennung, die die operative Therapie in noch heilbarem Stadium ermöglicht, erreicht werden können. Der Schwerpunkt muß auf Aufklärung gesetzt werden. Daß groß angelegte Aufklärungskampagnen sinnvoll sind, erwies sich zuerst in Australien und wird auch aus rezenten Daten aus den USA deutlich [32].

Literatur

1. Mackie RM, Young D (1984) Human malignant melanoma. Int J Dermatol 23:433
2. Kopf AW, Kripke ML, Stern RS (1984) Sun and malignant melanoma. J Am Acad Dermatol 11:674
3. Reimer RR, Wallace HC Jr, Greene MH, et al (1978) Precursor lesions in familial melanoma. JAMA 239:744
4. Kaplan EN (1974) The risk of malignancy in large congenital naevi. Plast Reconstr Surg 53:421

5. Elder DE, Goldman LI, Goldman SC, et al (1980) The dysplastic naevus syndrome: a phenotypic association of melanoma. Cancer 46: 1787
6. Lynch HT, Fusaro RM, Peter J, et al (1981) Tumour spectrum in the FAMMM syndrome. Br J Cancer 44:553
7. Gromet MA, Epstein WL, Blois MS (1979) The regressing thin malignant melanoma – a distinctive lesion with metastatic potential. Cancer 42:2282
8. Lerman RI, Murray D, O'Hara JM, et al (1970) Malignant melanoma of childhood: a clinicopathologic study and a report of 12 cases. Cancer 25:436
9. Rampen FHJ, Van der Esch EP (1985) Biopsy and survival of malignant melanoma. J Am Acad Dermatol 12:385
10. Friedman RJ, Rigel DS, Kopf AW (1985) Early detection of malignant melanoma. The role of physician examination and self examination of the skin. Cancer 35:4
11. Clark WH Jr, From L, Bernadino EA, et al (1969) The histogenesis and biologic behaviour of primary human malignant melanoma of the skin. Cancer Res 29:705
12. Breslow A (1970) Thickness, cross-sectional areas and depth of invasion in the prognosis of cutaneous melanoma. Ann Surg 172:902
13. Garbe C, Stadler R, Orfanos CE (1986) Prognose-orientierte Therapie bei malignem Melanom. Hautarzt 37:365
14. Balch CM (1980) Surgical management of regional lymph nodes in cutaneous melanoma. J Am Acad Dermatol 3:511
15. Martijn H, Oldhoff J, Oosterhuis JW, et al (1983) Indications for elective groin dissection in clinical stage I patients with malignant melanoma of the lower extremity treated by hyperthermic regional perfusion. Cancer 52:1526
16. Sim FH, Taylor WF, Ivins JC, et al (1978) A prospective randomized study of the efficacy of routine elective lymphadenectomy in management of malignant melanoma. Cancer 41:948
17. Veronesi U, Adamus J, Bandiera CC, et al (1972) Inefficacy of immediate node dissection in stage I melanoma of the limbs. N Engl J Med 197:627
18. Balch CM, Soong SJ, Milton GW, et al (1982) A comparison of prognostic factors and surgical results in 1786 patients with localized (stage I) melanoma treated in Alabama, USA, and New South Wales, Australia. Ann Surg 196:677
19. McCarthy WH, Shaw HM, Milton GW (1985) Efficacy of selective lymph node dissection in 2347 patients with clinical stage I malignant melanoma. Surg Gynecol Obstet 161:575
20. Munz DL, Altmeyer P, Holzmann H, et al (1982) Der Stellenwert der Lymphszintigraphie in der Behandlung maligner Melanome. Dtsch Med Wochenschr 107:86
21. Veronesi MD, Adamus J, Aubert C, et al (1982) A randomized trial of adjuvant chemotherapy and immunotherapy in cutaneous melanoma. N Engl J Med 307:913
22. Gutterman JU, McBride C, Fredrick EJ, et al (1973) Active immunotherapy with BCG for recurrent malignant melanoma. Lancet i:1208
23. Terry WD (1980) Immunotherapy of malignant melanoma. N Engl J Med 303:1174
24. Silber HKB, Salinas FA, Kong S (1986) Interferons in cancer treatment. MES Medical Education Services, Toronto
25. Foon KA, Sherwin SA, Abrams PG, et al (1985) A phase I trial of recombinant gamma interferon in patients with cancer. Cancer Immunol Immunother 20:193
26. Creagan ET, Ahmann DL, Frytak S, et al (1987) Three consecutive phase-II-studies of recombinant interferon alpha-2a in advanced malignant melanoma. Cancer 59:638
27. Ettinghausen SE, Rosenberg SA (1986) The adoptive immunotherapy of cancer using lymphokine activated killer cells and recombinant interleukin 2. Springer Semin Immunopathol 9:51
28. Balch CM, Milton GW, Shaw HM, et al (1985) Cutaneous melanoma, clinical management and treatment results worldwide. Lippincott, Philadelphia

29. Bellet RE, Mastrangelo MJ, et al (1979) Chemotherapy of metastatic melanoma. In: Clark WH (ed) Human malignant melanoma. Grune & Stratton, New York, p 325
30. Voigt H, Caselitz J, Jänner M (1981) Veno-occlusives Syndrom mit akuter Leberdystrophie unter Dacarbazin-Therapie eines malignen Melanoms. Klin Wochenschr 69:229
31. Overgaard J (1986) The role of radiotherapy in recurrent and metastatic malignant melanoma: a clinical radiobiological study. Int J Radiat Oncol Biol Phys 12:867
32. Rigel DS, Kopf AW, Friedman RJ (1987) The rate malignant melanoma in the United States: are we making an impact? J Am Acad Dermatol 17:1050

Stellenwert bildgebender Verfahren in der Diagnostik und Verlaufskontrolle solider Tumoren

D. Tscholakoff, G. Mostbeck und *N. Gritzmann*

Einleitung

Radiologische Diagnoseverfahren nehmen in der Betreuung von Patienten mit soliden Tumoren eine zentrale Stellung ein. Im Prinzip sind es drei Situationen, in denen ein Tumorpatient mit der radiologischen Diagnostik in Kontakt kommt bzw. vom betreuenden Arzt zur Diagnostik mit bildgebenden Verfahren zugewiesen wird:

1. Bei der Primärdiagnostik: „Suche nach Primärtumor"
2. Prätherapeutisches Staging: Bei bekanntem Tumorleiden Klassifikation des Tumorstadiums
   (Lokalstaging, Lymphknotenstaging und Fernmetastasenstaging)
3. Verlaufskontrollen während bzw. nach Tumortherapie: Zur Objektivierung der Erfolgsrate der Tumortherapie bzw. im Rahmen der Nachsorge bei abgeschlossenen Tumortherapieschemata

Im folgenden Kapitel soll eine Übersicht über die bildgebenden Methoden im Rahmen von Tumordiagnostik und Tumorverlaufskontrolle gegeben werden, wobei als Grundstruktur das Tumorstaging nach der TNM-Klassifikation, UICC 1989 [1] genommen wurde. 1983 wurden die C-Faktoren eingeführt, mit denen der Genauigkeitswert der prätherapeutischen Diagnostik in Kategorien gegliedert wird. In diese C-Kategorien gehen die Methodik der radiologischen Untersuchung und deren Aussagewert direkt ein. Die Kategorie C1 erfasst die Ergebnisse von Standarduntersuchungen konventioneller Röntgentechnik. C2 gibt die Ergebnisse von spezielleren Untersuchungsverfahren wider, wie z. B. Computertomographie (CT), Ultraschall (US), Angiographie und Magnetresonanz (MR)-Tomographie. Die Kategorien C3 und C4 entsprechen chirurgischer Exploration mit Biopsie bzw. pathologischer Untersuchung eines resezierten Tumors.

Nicht exakt klassifiziert sind perkutane Biopsien, die CT-, Röntgen- oder US-gezielt durchgeführt werden und ebenfalls zur histologischen Diagnose führen.

Die folgende Übersicht faßt radiologische Untersuchungsmethoden für das retroperitoneale und abdominelle Lymphknotenstaging und für nachfolgende Tumoren zusammen:

Hepatobiliäre Karzinome
Gallenblasenkarzinom
Karzinome des Gallenwegssystems
Pankreaskarzinom
Bronchuskarzinom
Nierenzellkarzinom
Tumoren des Kopf- und Halsbereiches

Bildgebende Methoden

Röntgenverfahren

Röntgendiagnostische Verfahren können in zwei Gruppen eingeteilt werden: „konventionelle" Röntgenverfahren und digitale Röntgenverfahren. Bei den *konventionellen* Röntgenverfahren ist das Endprodukt ein Röntgenfilm, der in der Regel mittels Exposition von Filmen in Röntgenkassetten (Filmfoliensystemen) produziert wurde. Inkludiert in den konventionellen Röntgenverfahren sind neben Standardaufnahmetechniken auch konventionelle Tomographien sowie Spezialuntersuchungen wie z. B. Mammographie oder Angiographie. Demgegenüber stehen *digitale* Röntgenverfahren, wie die Röntgen-Computertomographie, meist kurz als Computertomographie (CT) bezeichnet, und die digitale Subtraktionsangiographie (DSA). Endprodukt digitaler Röntgenverfahren ist ein Monitorbild, welches von vielen Bildelementen aufgebaut ist, deren individuelle Helligkeit von der Röntgenstrahlschwächung, gemessen in Detektoren (bei CT) bzw. am Bildverstärker und Videosignal (bei DSA), bestimmt ist. Bei der digitalen Bildverarbeitung muß ein analoges Signal in digitale Bildinformation umgewandelt werden, um von einem Computer am Monitor als Bild dargestellt zu werden.

Konventionelle Röntgenverfahren stellen die Basis jeder radiologischen Diagnostik dar, da sie allgemein verfügbar sind und rasch und problemlos durchgeführt werden können. In manchen Körperbereichen besitzen sie bei der Abklärung von Tumoren einen hohen Aussagewert. Digitale Röntgenverfahren sind spezielle Untersuchungsmethoden, welche, soweit sie (wie die CT) nicht invasiv sind, durchwegs breite Anwendung finden und bei Tumorpatienten heutzutage als Standarduntersuchung anzusehen sind. Angiographien werden heute zur Diagnostik von Tumorerkrankungen nur mehr in Ausnahmefällen vorgenommen.

Ultraschallverfahren

Die Ultraschalldiagnostik hat einen breiten Anwendungsbereich, der im wesentlichen durch die günstigen physikalischen Eigenschaften der Schallwellen bestimmt ist: Schallwellen werden an Grenzflächen von Medien verschiedener akustischer Impedanz teilweise oder ganz reflektiert. Die Ausbreitungsgeschwindigkeit von Schallwellen im menschlichen Körper beträgt 1.500 m/sek und kann mit elektronischen Verfahren gemessen werden, wobei die Werte der Schallgeschwindigkeiten in den meisten Körpergeweben nur um einige Prozente voneinander abweichen. Bei Bewegung eines Schallreflektors (oder Schallstrahlers) in bezug auf seinen Detektor ändert sich die Frequenz der beobachteten Schallwellen – Dopplereffekt.

Als Abbildungsverfahren mittels Sonographie sind die B-Bilddarstellung (B= brightness), die Doppler- und Farbdopplerverfahren bekannt.

Die B-Bilddarstellung stellt Schallreflexionsbilder dar, welche in Abhängigkeit des Reflexionsgrades durch Grauwerte ein anatomisches Schichtbild ergeben. Durch die Entwicklung von Real-time-Ultraschallgeräten, bei denen ein schmales Schallwellenbündel eine Untersuchungsfläche mit hoher Frequenz (mehr als 25x pro Sekunde) abtastet, können für das Auge flimmerfreie Ultraschallbilder produziert werden. Dadurch können auch Bewegungsabläufe wie Atmung und Peristaltik beobachtet werden. Zur Erfassung des Blutflusses wird das Dopplerverfahren verwendet, bei dem die Frequenzänderung eines reflektierten Ultraschallstrahles an bewegten akustischen Grenzflächen zellulärer Blutelemente registriert wird und sowohl akustisch als auch optisch (Frequenzspektrum über Zeit) dargestellt wird. Beim Farbdopplerverfahren werden Dopplerfrequenzverschiebungen, farbkodiert am Monitor, bildhaft dargestellt.

Sonographische Untersuchungsmethoden haben einen hohen praktischen Stellenwert in der Betreuung von Tumorpatienten. Die Ultraschallverfahren sind im allgemeinen überall zugänglich, rasch verfügbar, beliebig wiederholbar und für den Patienten nicht belastend. Es sind spezifische Aussagen über den Tumoraufbau hinsichtlich solider und zystischer Anteile mit hoher Treffsicherheit möglich, genauso wie die anatomische Zuordnung eines tumorösen Prozesses. Limitationen der Ultraschallverfahren sind Luft und Knochengewebe, sodaß die lufthältigen Organe, wie Lungen und zum Teil Darm, und auch die Knochenbinnenstrukturen sonographisch nicht zugänglich sind.

Magnetresonanzverfahren

Die Magnetresonanz-Tomographie (MR-Tomographie; MRT) basiert auf dem physikalischen Prinzip der Kernspinresonanz, welches in der Physik und analytischen Chemie schon seit Jahrzehnten bekannt ist. Zur Bilderzeugung (MR-Tomogramme) benötigt man einen großen Magneten mit hoher Feldstärke sowie ein Hochfrequenzsystem mit Sende- und Empfangsspulen und sogenannte Gradientenspulen zur Lokalisation des empfangenen MR-Signales. Der untersuchte Patient wird in den Hochfeldmagneten positioniert. Die eingestrahlten Hochfrequenzfelder sind keine ionisierenden Strahlen. Die MR-Tomogramme zeichnen sich durch eine hohe Kontrastauflösung verschiedener Gewebe aus und können in sämtlichen Orientierungen Schnittebenen durch den Körper legen.

Die MR-Tomographie ist im Bereich des zentralen Nervensystems heute bereits als Standarduntersuchungsverfahren anzusehen. In den übrigen Körperbereichen ist die MRT noch als spezielles Diagnoseverfahren zu betrachten, welches in der Regel am Ende der Diagnosekette mit besonderen Fragestellungen zum Einsatz kommt.

Hepatobiliäre Karzinome

Hepatozelluläres Karzinom

Die Inzidenz des primären Leberzellkarzinoms liegt in Europa bei 5 pro 100.000 Einwohner; Männer sind häufiger betroffen als Frauen (m:w = 6:1). In über 90% wird es in Assoziation mit einer Leberzirrhose gefunden [2]. Epidemiologisch zeigt sich eine Koinzidenz von Hepatitis B mit dem primären Leberzellkarzinom [2]. Die Fragestellung an bildgebende Verfahren nach dem Vorliegen eines primären Leberzellkarzinoms ergibt sich in Westeuropa häufig dann, wenn laborchemisch bei bekannter Zirrhosis hepatis ein Anstieg von Tumorparametern (z. B. alpha 1-Fetoprotein) oder eine plötzliche Verschlechterung im klinischen Verlauf eines Patienten mit Leberzirrhose gefunden wird [2].

T-Staging: Primärtumor

Die TNM-Klassifikation beschreibt vier Stadien des Primärtumors; der Befall von nur einem oder beiden Leberlappen trennt das Stadium T3 vom Stadium T4. Die Grenze zwischen linkem und rechtem Leberlappen stellt in dieser Klassifikation die Cava-Gallenblasenlinie dar, die auch mit bildgebenden Verfahren (US, CT, MRT) zweifelsfrei zu bestimmen ist.

Die in der Primärtumordiagnostik als erste angewandte Methode ist sicherlich die Sonographie. Kleine Tumoren sind sonographisch häufig echoarm, können aber auch echoreich oder isoechogen zum umgebenden Lebergewebe sein [3]. Die ultraschallgezielte Feinnadelbiopsie mit Gewinnung histologisch beurteilbaren Gewebes ist eine risikoarme Methode zur spezifischen Diagnose bei uncharakteristischer Morphologie der Leberzellkarzinome [4]. Große Leberzellkarzinome sind in der Regel inhomogen strukturiert; sie zeigen eine zentrale fettige Metamorphose oder Nekrose [5, 6]. Hoch differenzierte hepatozelluläre Karzinome können dieselbe Echogenität wie das Lebergewebe aufweisen und sind dann nur an den sekundären Zeichen einer Raumforderung, wie Alteration der Leberkontur oder Infiltration der großen Gefäße, zu diagnostizieren. Die Sensitivität des Ultraschalls im Nachweis kleiner Tumoren mit einer Größe um 1–3 cm wird wegen des höheren Auflösungsvermögens höher als die der CT eingeschätzt [7]. In der Fragestellung nach dem Vorliegen eines hepatozellulären Karzinoms können aber die häufig koinzidente diffuse Leberparenchymerkrankung sowie schwierige Untersuchungsbedingungen durch Zwerchfellhochstand bei Aszites die sonographische Beurteilung der Leber erschweren.

In der Computertomographie sind hepatozelluläre Karzinome nativ hypodens und zeigen in Kontrastmittelserien ein starkes, oft fleckiges Kontrastmittelenhancement (Abb. 1 A–D) [5, 8]. Das infiltrative Wachstum von hepatozellulären Karzinomen in benachbarte Organe, das allerdings autoptisch selten angetroffen wird, kann mit der CT besser als mit dem US nachgewiesen werden [5, 8]. Der Nachweis der Tumorinvasion von Lebervenen oder der Vena portae (T4) durch US und CT gemeinsam wird in der radiologischen Literatur mit 5,9% angegeben [9].

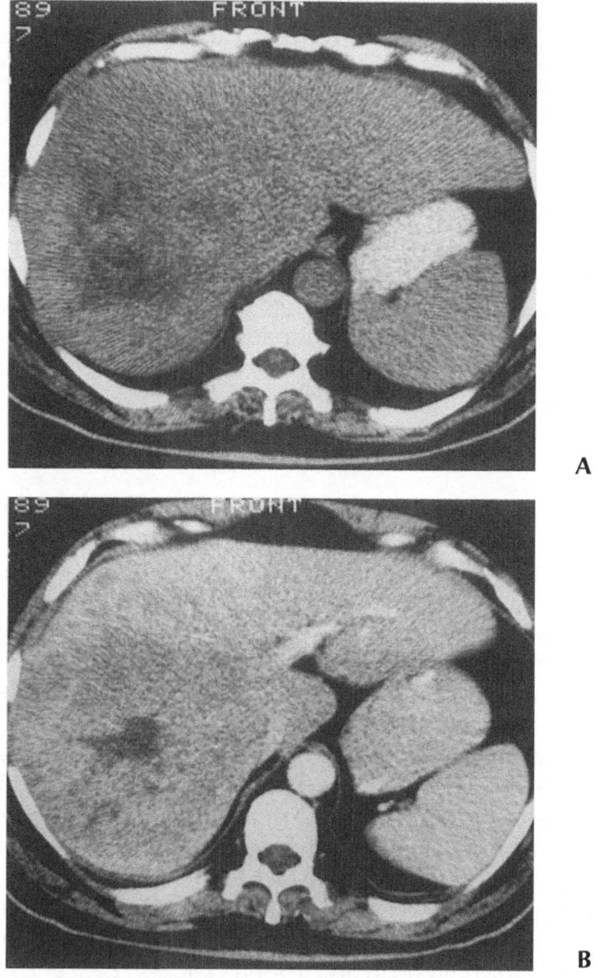

Abb. 1 A, B. Computertomographie bei hepatozellulärem Karzinom nativ und während i. v. Kontrastmittelapplikation: Unscharf abgrenzbare, hypodense inhomogene Raumforderung, die den gesamten rechten Leberlappen einnimmt und nach Kontrastmittelgabe gegenüber dem Leberparenchym besser abgegrenzt werden kann. Zentral eine hypodense Zone mit Dichtewerten im Flüssigen, einer regressiven Tumornekrose entsprechend

In der Magnetresonanz-Tomographie haben primäre Leberzellkarzinome eine hohe Signalintensität auf T2-gewichteten Bildern [6, 8, 10, 11]. Im Vergleich zur Computertomographie und Sonographie zeigt die MRT eine ähnliche Sensitivität und Spezifität im Tumornachweis [8, 10]. Häufig kann die MRT jedoch Details des Tumors wie die Ausbildung von Pseudokapseln, ein umgebendes Ödem oder eine Gefäßinvasion besser nachweisen als die CT [6, 8].

Die Angiographie, die früher in der Diagnostik die erste Stelle einnahm, hat diesen Platz eindeutig verloren. Die CT in Kombination mit der Angiographie

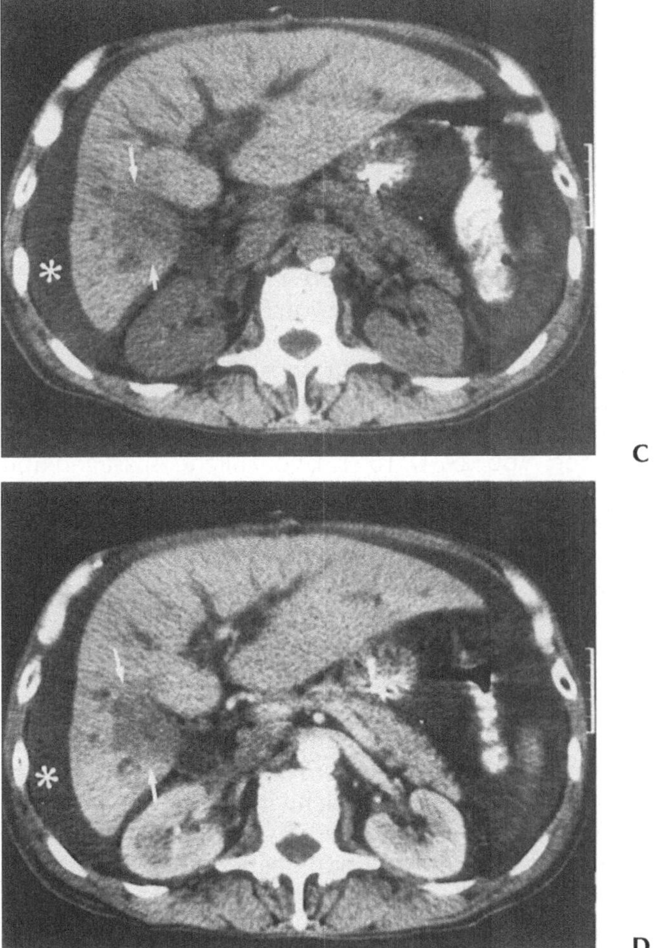

Abb. 1 C, D. Computertomographie bei hepatozellulärem Karzinom nativ und während i. v. Kontrastmittelapplikation: Freie intraabdominelle Flüssigkeit (Sternchen). Unscharf begrenzte, ca. 4 cm im Durchmesser haltende hypodense Raumforderung im rechten Leberlappen, die nach Kontrastmittelgabe gegenüber dem Leberparenchym hypodens bleibt (Pfeile)

(Angio – CT, Applikation von wasserlöslichem oder fettlöslichem Kontrastmittel über die Arteria hepatica) erhöht die Sensitivität der CT im Nachweis von kleinen fokalen Läsionen bei multifokalem Hepatom, bleibt jedoch spezifischen präoperativen Fragestellungen vorbehalten [12]. Der Stellenwert der Angiographie liegt bei therapeutischen Maßnahmen, wie Embolisation oder Chemoembolisation bei bereits diagnostiziertem primärem Leberzellkarzinom [13].

N-Staging: Regionale Lymphknoten

Die regionalen Lymphknotenstationen sind die Lymphknoten im Ligamentum hepato-duodenale. In dieser Lokalisation kommt dem Ultraschall ein höherer Stellenwert als der CT zu. Übereinstimmend wird in der Literatur [14] jeder sonographische Nachweis (also größenunabhängig) von Lymphknoten im Ligamentum hepato-duodenale als pathologisch gewertet.

Lebermetastasen

Metastasen maligner Tumoren werden am häufigsten in der Leber gefunden. 30–50% aller Malignome metastasieren in die Leber.

Die sonographische Darstellung von Lebermetastasen hängt von der Differenz der Echogenität der Läsion zum umgebenden Lebergewebe ab. Mit dem Auflösungsvermögen moderner Ultraschallgeräte können Metastasen ab einer Größe von 0,5 bis 1,0 cm nachgewiesen werden [7, 15–17]. Nach ihrer Echogenität können verschiedenste sonomorphologische Typen von Metastasen unterschieden werden (Abb. 2A) [7, 15–17]. Verläßliche Aussagen über den Primärtumor sind jedoch praktisch nicht möglich. Eine diffuse Metastasierung ist sonographisch schwierig von einer diffusen Leberparenchymerkrankung zu unterscheiden [15]. Ein weiteres Problem stellt auch die sonographische Differenzierung von Metastasen gegenüber benignen Läsionen, wie Hämangiomen, dar. Der Prozentsatz der sonographisch nachgewiesenen fokalen Leberläsionen bei Tumorpatienten, die keine Metastasen darstellen, wird in der Literatur [15] mit bis zu 17% angegeben. Hier kann die ultraschallgezielte Feinnadelbiopsie zur spezifischen Diagnose eingesetzt werden [4].

Der Nachweis fokaler Leberläsionen in der CT hängt von der Differenz der Absorptionswerte zwischen Leberherd und umgebendem Leberparenchym ab. Die Kontrastmittelapplikation beabsichtigt, die Dichtedifferenz zwischen Läsion und normalem Lebergewebe zu erhöhen. Lebertumoren werden fast ausschließlich arteriell über die Arteria hepatica mit Blut versorgt, während das Leberparenchym zu 75% seine Durchblutung aus der Vena portae bezieht [18–21]. Das Kontrastmittelanfärbeverhalten eines Tumors wird von seiner Gefäßversorgung und von der Diffusion des Kontrastmittels in das Interstitium bestimmt. Die i. v. Infusion und die dynamische CT mit i. v. Bolusapplikation von Kontrastmittel haben in der Praxis die wichtigste Bedeutung. Die Applikation von Kontrastmittel über die Arteria hepatica (CT-Arteriographie) sowie die Kontrastmittelapplikation über die Vena portae (CT-Portographie, Kontrastmittelapplikation über den Katheter in die Arteria mesenterica superior) zeigen die höchsten

Sensitivitäten im Nachweis fokaler Läsionen, bleiben aber aufgrund ihrer Invasivität und technischen Aufwendigkeit nur seltensten präoperativen Fragestellungen vorbehalten [18, 22].

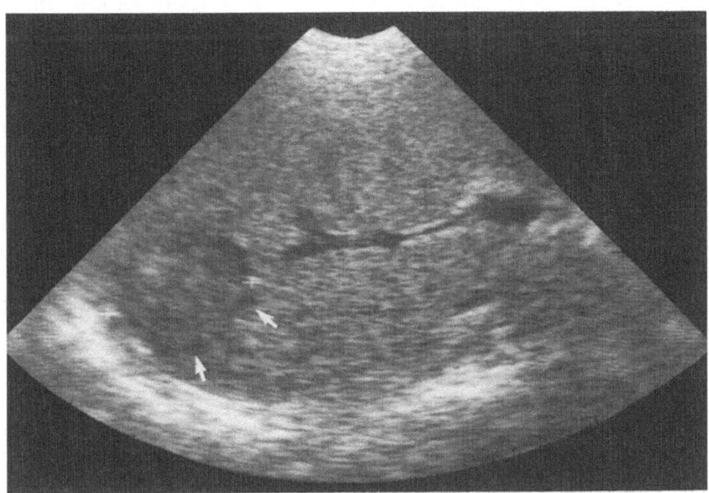

A

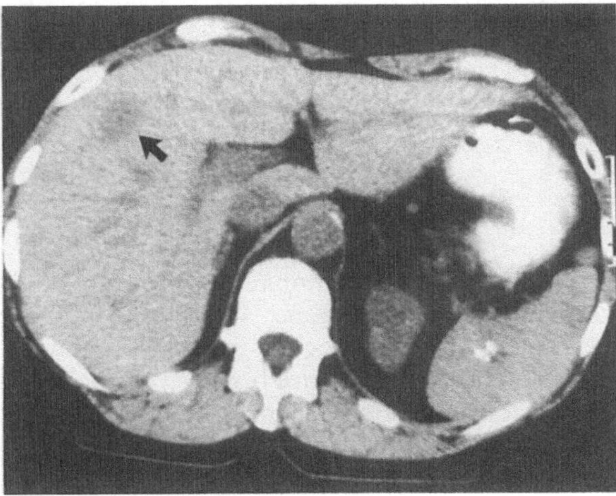

B

Abb. 2. Lebermetastasen; Primum: Mammakarzinom
A. Sonographie: Subkostalschnitt der Leber auf Höhe des rechten Pfortaderastes. Echoarme, etwas inhomogene Raumforderung (zwischen den Kreuzen) mit angedeutetem echoarmem Randsaum (Pfeile)
B. Computertomographie: 2 cm großer hypodenser Herd im rechten Leberlappen (Pfeil). Als Nebenbefund ein verkalktes, 1 cm großes Granulom der Milz

Im Nativ-CT sind Metastasen im allgemeinen gegenüber dem normalen Lebergewebe hypodens und scharf begrenzt (Abb. 2B). [17, 20, 21, 23]. Sie bleiben auch meistens nach Kontrastmittelgabe gegenüber dem Lebergewebe hypodens [17, 20, 21, 23]. Eine herabgesetzte Dichte der Leber (Steatose) kann in der Nativ-CT Metastasen maskieren; ihre Dichte kann aber auch nach Kontrastmittelgabe zum umgebenden Lebergewebe isodens sein. Es sollte daher auf jeden Fall eine Nativ- und Kontrastmittelserie durchgeführt werden [17, 20, 21, 23, 24].

Die MRT hat aufgrund ihrer eingeschränkten Verfügbarkeit derzeit noch keinen praktischen Stellenwert in der Routinediagnostik bei der Fragestellung Lebermetastasen. Metastasen sind im allgemeinen auf T2-gewichteten Bildern hyperintens gegenüber dem normalen Lebergewebe [16, 19, 20, 25]. In der Literatur [11, 12, 25] wird der MRT bereits aufgrund ihrer höheren Kontrastauflösung (T2-gewichtete Bilder) eine höhere Nachweisrate als der CT im Nachweis von Lebermetastasen zugesprochen. Die technische Weiterentwicklung hinsichtlich der Verkürzung der Untersuchungszeit und die Verbesserung der Geräteverfügbarkeit lassen für die Zukunft einen hohen Stellenwert der MRT in dieser Fragestellung erwarten.

Zusammenfassend sollte bei Verdacht auf Lebermetastasen als erste Untersuchung die Sonographie eingesetzt werden. Die Treffsicherheit der Sonographie im Nachweis von Metastasen liegt bei ca. 90%, die Spezifität bei 85–97% [7, 15, 16]. Der CT kommt eine etwas höhere Spezifität zu (91–97%) [11, 12]. Bei positivem sonographischem Befund einer fokalen Leberläsion kann jedoch die zusätzlich durchgeführte CT nur in Ausnahmefällen eine Zusatzinformation liefern. Diesen Ausnahmefall stellt die spezifische CT-Diagnose eines Hämangioms dar [16]. In den übrigen Fällen sollte zur weiterführenden Diagnostik die Ultraschall- oder CT-gezielte Feinnadelpunktion der fokalen Leberläsion zur spezifischen Diagnose (immer Zytologie + Histologie!) erfolgen [4].

Gallenblasenkarzinom

Das Karzinom der Gallenblase ist der fünfthäufigste maligne Tumor des Gastrointestinaltraktes und hat trotz Einführung moderner bildgebender Verfahren immer noch eine äußerst schlechte Prognose mit einer 5 Jahres-Überlebensrate von unter 5% [26]. Es ist ein Karzinom des höheren Lebensalters, Frauen überwiegen. Während Gallensteine bei Gallenblasenkarzinomträgern in 73–89% gefunden werden, wird die Inzidenz des Gallenblasenkarzinoms bei Patienten mit einer Cholecystolithiasis in der Literatur [26–28] mit 1–3% angegeben.

Da Schmerzen (70%) und eine Gelbsucht (50%) die wichtigsten klinischen Symptome darstellen, ist im allgemeinen die Sonographie die zur Primärdiagnostik eingesetzte Methode [27].

T-Staging: Primärtumor

Häufig wird das Gallenblasenkarzinom erst im Stadium T3 bzw. T4 erfaßt. Bei den 60 Patienten, über die Frank und Mitarbeiter [27] berichteten, lag in 80% bereits ein Tumor im Stadium T3 oder T4 vor. Hier zeigt sich dann sonographisch eine großteils tumorgefüllte Gallenblase, wobei die Raumforderung meistens bereits auf die Leber übergreift; häufig ist kein Restlumen der Gallenblase erkennbar. In dieser Studie fanden sich bei 83% der Patienten Konkremente und bei 5% lag eine Porzellangallenblase vor [27]. Insgesamt lag in dieser Untersuchung die Sensitivität der Sonographie im Nachweis des Gallenblasentumors bei 70%. Der Nachweis der Infiltration in die umgebenden Organe konnte sonographisch selten erbracht werden (Sensitivität 30%). Auch der Nachweis von regionalen Lymphknotenmetastasen war mit einer Sensitivität von 59% gering [27].

Computertomographisch sind die Ergebnisse auch nicht beeindruckend. Weiner und Mitarbeiter [29] konnten nur bei 16 von 26 Patienten mit der CT die richtige Diagnose Gallenblasenkarzinom stellen. Wie auch für die Sonographie, so gilt hier der Nachweis einer (hypodensen) Raumforderung der Leber in direkter Nachbarschaft zur Gallenblase als wichtigstes diagnostisches Kriterium. Die häufig gleichzeitig bestehenden entzündlichen Gallenblasenveränderungen erschweren zusätzlich die Interpretation von US und CT [29].

Zusammenfassend ist sicherlich die Sonographie bei der Fragestellung nach einem Gallenblasenkarzinom die primäre Untersuchungsmethode. Die Computertomographie bietet bei Tumoren im Stadium T4 bessere Informationen über die lokale Tumorausbreitung [29]. Präoperativ ist für den Chirurgen noch die Darstellung der Gallenwege wichtig, wobei hier in der Literatur die perkutane transhepatische Cholangiographie gegenüber der retrograden endoskopischen Darstellung bevorzugt wird [28].

N-Staging: Lymphknoten

Es gelten im Prinzip dieselben Richtlinien für Lymphknotenstaging in Retroperitoneum und Abdomen (siehe entsprechendes Kapitel).

Karzinome des Gallenwegssystems

Das cholangiozelluläre Karzinom der extrahepatischen Gallenwege ist ein seltener Tumor; es wird in 0,46% der Autopsien gefunden. Es besteht ein deutliches Überwiegen des männlichen Geschlechts (m:w=15:1) [28]. Es ist ein Tumor des höheren Lebensalters; als Risikofaktoren werden allgemein alle Krankheiten, die zu einer Obstruktion der Gallenwege führen, angesehen. Insbesondere jedoch bei Patienten mit Colitis ulcerosa und sklerosierender Cholangitis kann ein cholangiozelluläres Karzinom schon in der dritten Lebensdekade auftreten [28].

T-Staging: Primärtumor

Da das vorstechende klinische Symptom ein Ikterus ist, ist die Sonographie im allgemeinen die erste Untersuchungsmethode in der Primärdiagnostik. Die Sonographie kann mit hoher Sensitivität eine Erweiterung des intra- und extrahepatischen Gallenwegssystems nachweisen. Bei nicht voroperierten Patienten (Zustand nach Cholezystektomie) wird ein Durchmesser des Ductus hepato-choledochus von mehr als 6 mm als pathologisch gewertet [30]. Die intrahepatische Cholangiektasie läßt sich zweifelsfrei nachweisen [31]. Somit kann sonographisch mit einer hohen Sensitivität eine Cholangiektasie und die Höhe der Verschlußetage nachgewiesen werden; die Spezifität in der Evaluierung der Verschlußursache ist jedoch geringer [30–32].

Sonographisch imponiert das cholangiozelluläre Karzinom als echoarme Raumforderung [33–35]. In der Literatur [33–35] herrscht jedoch Übereinstimmung darüber, daß in einem Prozentsatz bis zu 75% der Primärtumor nicht direkt dargestellt werden kann (Abb. 3). Für die Sonderform des 1965 von Klatskin [36] beschriebenen cholangiozellulären Karzinoms an der Porta hepatis konnten Karstrup [35] sowie Yeung und Mitarbeiter [33] bei allen Patienten sonographisch die Verschlußetage durch den Nachweis erweiterter intrahepatischer, bei unauffälligen extrahepatischen Gallenwegen klären. Der eigentliche Tumor wurde jedoch nur in 74% bzw. 35% der Patienten nachgewiesen [33, 35]. Nesbit und Mitarbeiter [34] verglichen US mit der CT im Nachweis von Cholangiokarzinomen. Der Tumornachweis an der Bifurkation gelang mit der CT in 90%, mit dem Ultraschall jedoch nur in 22% [34]. Am extrahepatischen Gallenwegssystem war die Sonographie mit 57% positivem Tumornachweis der CT überlegen [34]. In der CT können cholangiozelluläre Karzinome hypodens, hyperdens oder isodens im Vergleich zum Lebergewebe sein [34].

Ist sonographisch die Verschlußetage definiert, so ist die Beurteilung des intra- und extrahepatischen Gallenwegssystems durch direkte Kontrastmittelapplikation wesentlich [28]. Sie dient zur morphologischen Beurteilung der Stenose oder des Verschlusses und ist in der Differentialdiagnose gegenüber Strik-

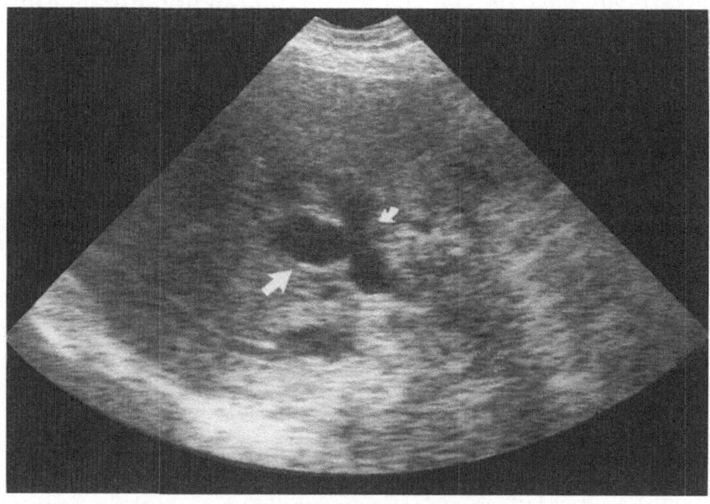

Abb. 3. Sonographie bei cholangiozellulärem Karzinom an der Leberpforte (Klatskin-Tumor): Massive intrahepatische Cholangiektasie (Pfeile) bei nicht erweiterten extrahepatischen Gallenwegen (nicht in dieser Abbildung dargestellt). Der eigentliche Tumor ist sonographisch nicht abgrenzbar

turen und Konkrementen wesentlich. Hier wird bei distaler Verschlußetage die ERCP (endoskopisch-retrograde Cholangio-Pankreatikographie), bei Verschluß-etage an der Leberpforte oder weiter proximal die perkutane transhepatische Cholangiographie zu bevorzugen sein [28]. Beide Methoden bieten die Option zu diagnostischen (Biopsie, Bürstenzytologie) und therapeutischen (Gallen-wegsschienung, Endoprothese, lokale Strahlentherapie) Maßnahmen [28].

N-Staging: Lymphknoten

Es gelten im Prinzip dieselben Richtlinien für Lymphknotenstaging in Retroperi-toneum und Abdomen (siehe entsprechendes Kapitel).

Pankreaskarzinom

Das Pankreaskarzinom ist die vierthäufigste Krebstodesursache beim Mann und die fünfthäufigste bei der Frau. Das Verhältnis Männer zu Frauen beträgt 2:1 [28]. Die chronische Prankreatitis dürfte keine erhöhte Inzidenz an Pankreaskarzino-men aufweisen. Über die Hälfte der Pankreastumoren sind im Caput pankreatis lokalisiert [28, 37, 38].

T-Staging: Primärtumor

Tumoren im Pankreaskopf werden durch die klinische Symptomatik häufig frü-her entdeckt als Tumoren im Korpus- und Kaudaabschnitt. Die Sonographie ist in der Primärdiagnostik erste bildgebende Untersuchungsmethode. Sonogra-phisch imponiert das Pankreaskarzinom echoarm gegenüber dem im höheren Alter durch fettige Degeneration und Fibrose echoreichen Pankreas [37, 38]. Moderne Ultraschalltechnik erlaubt die Erkennung von Pankreastumoren, die kleiner als 1 cm im Durchmesser halten und somit noch zu keiner Konturaltera-tion des parenchymatösen Organs führen (Abb. 4A–E) [39]. Im Computertomo-gramm ist das Pankreaskarzinom in den meisten Fällen sowohl nativ als auch nach Kontrastmittelgabe gegenüber dem regulären Pankreasgewebe isodens und nur an den sekundären Zeichen der Raumforderung, wie Alteration der Kon-tur und Infiltration peripankreatischer Fetttrennungslinien zu erkennen [40, 41]. Für beide Methoden sind die Erweiterung des Gallen- bzw. Pankreasganges, der Nachweis peripankreatischer Lymphknotenvergrößerungen bzw. der Nachweis von Raumforderungen der Leber sekundäre Hinweise für das Vorliegen eines Pankreastumors [37–41]. Die MRT konnte bisher trotz ihres besseren Kontrast-unterschiedes zwischen Tumor und Pankreas hauptsächlich wegen Bewegungs-artefakten (Atmung, Peristaltik) keine Vorteile gegenüber der CT in der Diagnose des Pankreaskarzinoms erzielen [40].

Im Vergleich von Ultraschall und CT in der Diagnostik des Pankreaskarzi-noms werden für den Ultraschall Sensitivitäten von 69–94% und Spezifitäten zwischen 75% und 100% in der Literatur genannt; die Sensitivität der CT wird im allgemeinen etwas höher eingeschätzt (Sensitivität 83–92% bei einer Spezifität zwischen 87% und 90%) [37–42]. Nach eigener Erfahrung ist das Pankreas nur in ca. 60% der Patienten sonographisch in seiner Gesamtheit beurteilbar [42]. Bei idealen Untersuchungsbedingungen erlaubt die Sonographie bereits den Nachweis von Pankreaskarzinomen <1 cm Durchmesser, die in der CT aufgrund der fehlenden Dichteunterschiede nicht erkannt werden können (Abb. 4E). Dies geht auch aus Arbeiten hervor, die für die Sonographie Vorteile gegenüber der CT in der Diagnostik der häufig kleinen endokrinen Pankreastumoren sehen [39]. Bei fortgeschrittenem Tumor (Stadium T3) kann die CT besser als die Sonographie die Ausdehnung des Tumors in das peripankreatische Gewebe und in benachbarte Organe und die Infiltration benachbarter Gefäße nachweisen (Abb. 4F) [41].

Nicht so selten haben beide bildgebenden Verfahren Schwierigkeiten in der Differenzierung zwischen Pankreastumor und entzündlichen Veränderungen. Es gibt daher eine breite Indikationsstellung zur Durchführung der Ultraschall- oder CT-gezielten Feinnadelpunktion fokaler Pankreasläsionen, für die eine Sensitivität im Tumornachweis zwischen 50% und 80% angegeben wird (Abb. 4G) [4]. Sie stellt ein risikoarmes und aussagekräftiges Verfahren dar [4].

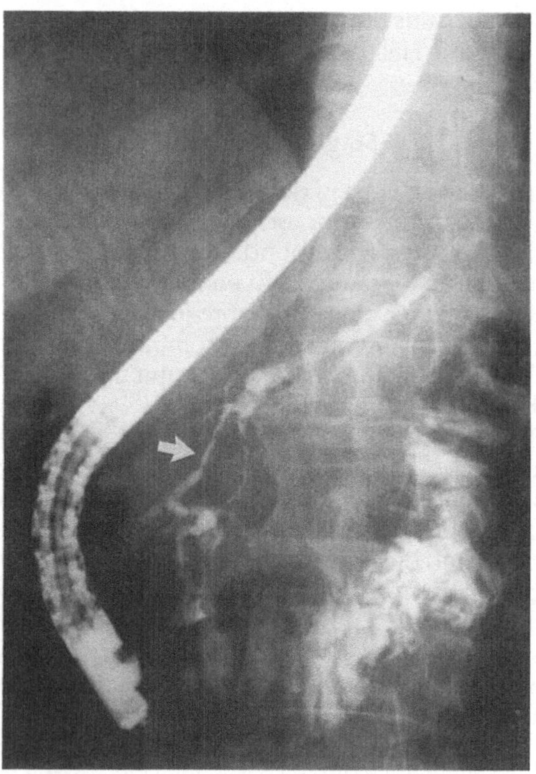

Abb. 4 A–E. 75jährige Patientin mit schmerzlosem Ikterus; 1,5 cm großes Pankreaskopfkarzinom

Abb. 4 A. Endoskopisch-retrograde Cholangio-Pankreatikographie (ERCP): Konzentrische, 2 cm lange Stenose des Ductus pankreaticus im Pankreaskopf (Pfeil), Ektasie des Ductus pancreaticus im Pankreaskorpus

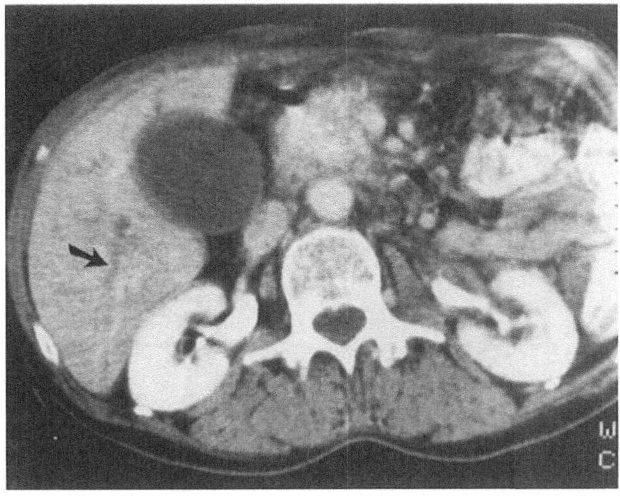

Abb. 4 B. Computertomographie: Ektasie der Gallenblase. Intrahepatische Cholangiektasie (hypodense lineare Struktur im Periportalfeld neben dem kontrastierten Pfortaderast (Pfeil))

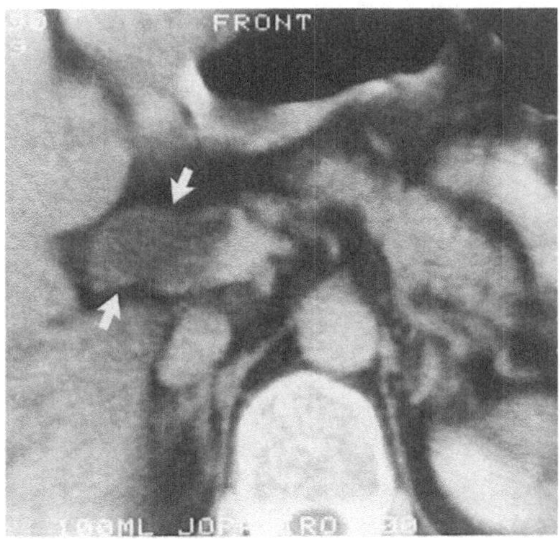

Abb. 4 C. Computertomographie: Deutlich erweiterter Ductus hepato-choledochus (Pfeile)

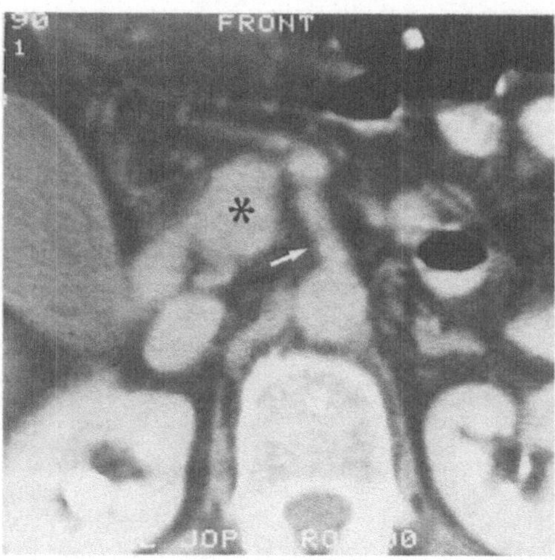

Abb. 4 D. Computertomographie: Etwas plumper Pankreaskopf (Sternchen) mit erhaltenen peripankreatischen Fettlinien zu Arteria mesenterica superior (Pfeil) und zu Aorta und Vena cava inferior. Kein eigentlicher Raumforderungseffekt

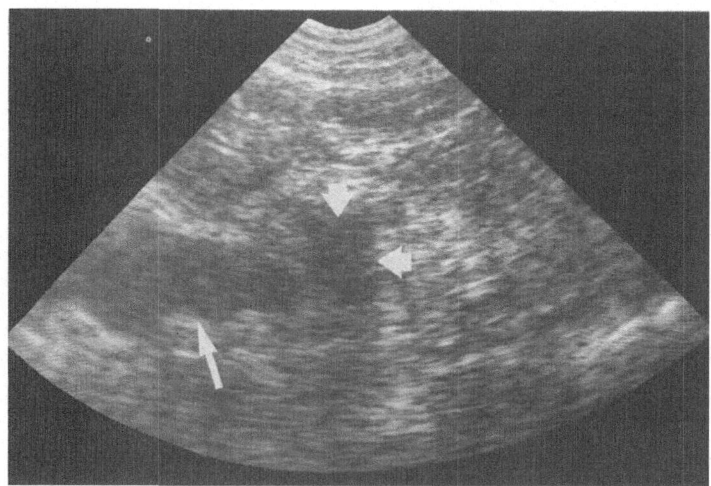

Abb. 4 E. Sonographie: Schrägschnitt auf Höhe des Pankreaskopfes: Deutlich erweiterter Ductus hepato-choledochus (Pfeil), der an einem 1,5 cm im Durchmesser haltenden echoarmen Pankreaskopftumor endet (Pfeile)

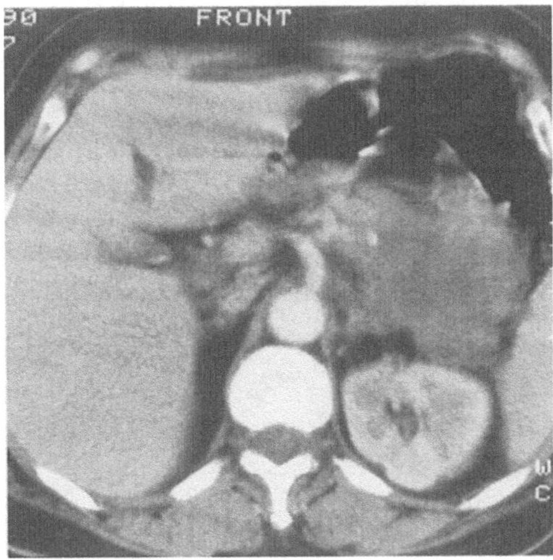

Abb. 4 F. Pankreasschwanzkarzinom: Computertomographisch ausgedehnte hypodense Raumforderung mit Infiltration des vorderen Pararenalraumes

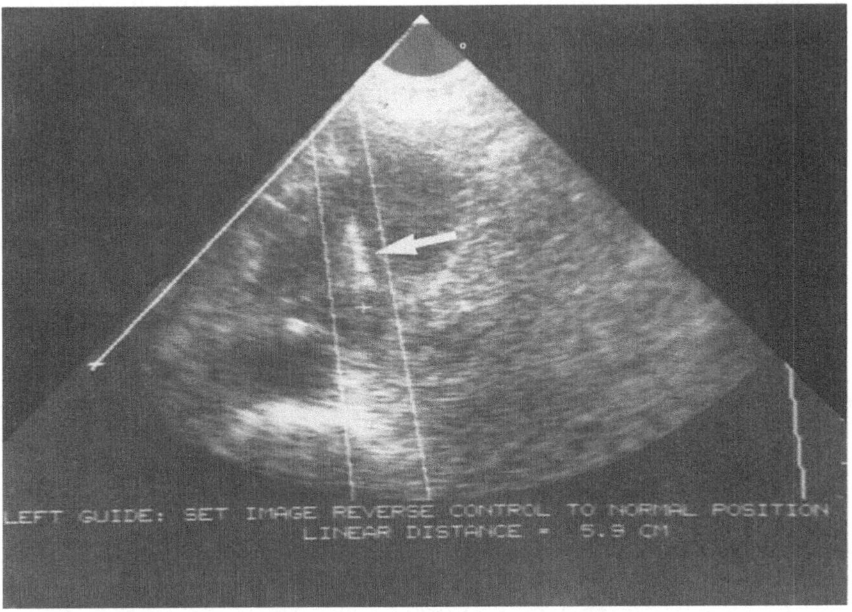

Abb. 4 G. Ultraschall-gezielte Feinnadelpunktion einer 3 cm großen Raumforderung im Corpus pancreatis. Darstellung der Nadel in der Läsion als echoreicher longitudinaler Reflex (Pfeil). Histologie und Zytologie: Pankreaskarzinom

Der Stellenwert der ERCP liegt im Nachweis kleiner tumorbedingter Pankreasgangsstenosen oder -obstruktionen bei unklarem sonographischem oder computertomographischem Befund und im sehr spezifischen Nachweis entzündlicher Gangveränderungen [43].

N-Staging: Lymphknoten

Es gelten im Prinzip dieselben Richtlinien für Lymphknotenstaging in Retroperitoneum und Abdomen (siehe entsprechendes Kapitel).

Retroperitoneales und abdominelles Lymphknotenstaging

Zum Staging retroperitonealer und abdomineller Lymphknotenstationen stehen im Routinebetrieb Sonographie und CT zur Verfügung [44, 45]. Im allgemeinen wird der CT eine höhere Sensitivität als der Sonographie im Nachweis von retroperitonealen und abdominellen Lymphknotenmetastasen zugesprochen [44]. Dies liegt hauptsächlich an der nicht immer gegebenen Einsehbarkeit sämtlicher abdomineller und retroperitonealer Lymphknotenstationen in der Sonographie, bedingt durch Adipositas bzw. Darmgasüberlagerungen. Abhängig vom Konstitutionstyp des Patienten können sich jedoch individuell unterschiedliche Wertigkeiten beider Methoden ergeben. Schlanke Patienten sind oft in der Sonographie gut beurteilbar, während hier fehlende Fetttrennungslinien die Interpretation der CT erschweren. Umgekehrt sind adipöse Patienten computertomographisch meist ausgezeichnet untersuchbar.

Die Größe des retroperitonealen bzw. abdominellen Lymphknotens wird als Kriterium für eine neoplastische Infiltration herangezogen. Im allgemeinen wird in der CT eine Lymphknotengröße < 1 cm als gering wahrscheinlich, eine Lymphknotengröße > 1,5 cm als hoch wahrscheinlich für einen Tumorbefall angesehen [44, 45]. Eine Lymphknotengröße zwischen 1 und 1,5 cm ist hinsichtlich ihrer Dignität nicht sicher zuzuordnen. Die Kontrastmittelgabe erleichtert in der CT die Differenzierung von Lymphknoten und vaskulären Strukturen [44, 45].

Sonographisch sind normale Lymphknoten unter Verwendung konventioneller abdomineller Schallköpfe mit Frequenzen um 3 MHz im allgemeinen vom umgebenden Fettgewebe nicht abgrenzbar. Hier ist das Erkennen von dann echoarm erscheinenden Lymphknoten im Sonogramm schon als pathologisch zu werten [14]. Abdominelle (insbesondere im Mesenterium) Lymphknotenstationen sind sicherlich besser mit der CT zu beurteilen als im Sonogramm [44]. Die Ausnahme stellt lediglich das Ligamentum hepato-duodenale dar; hier wird die Sensitivität der Sonographie im Nachweis von Lymphknotenmetastasen höher als die der CT angegeben. [14].

Die limitierte Verfügbarkeit der MRT bewirkt, daß sie für das Lymphknotenstaging praktisch nicht eingesetzt wird. Der MRT wird lediglich in der Diagnostik vergrößerter pelviner Lymphknoten aufgrund der Möglichkeit der multiplanaren Schnittführung ein höherer Stellenwert als der CT zugesprochen [46].

Bronchuskarzinom

Die Inzidenz des Bronchuskarzinoms ist deutlich im Steigen, und Österreich gehört zu den zehn Ländern mit der höchsten Inzidenz an Bronchuskarzinomen (Männer: über 50 auf 100.000 Einwohner).

Zum Zeitpunkt der Erstdiagnose ist in über 50% der Fälle bei Patienten mit einem Bronchuskarzinom der Tumor entweder bereits in das Mediastinum eingebrochen, oder es bestehen mediastinale Lymphknotenmetastasen. Für eine rasche, effektive Diagnostik sollte nach den Standardthoraxröntgen-Übersichtsaufnahmen (eventuell zusätzlich konventionelle Tomographie) die Computertomographie so früh wie möglich als radiologisches Diagnoseverfahren eingesetzt werden. Die Computertomographie hat heute im Staging des Bronchuskarzinoms einen wichtigen Platz eingenommen. Im T-Staging wird eine exaktere Abgrenzung des Tumors zu anliegenden Strukturen, wie Pleura, Perikard und großen Gefäßen, ermöglicht. Das N-Staging beim Bronchuskarzinom basiert heutzutage nahezu vollständig auf der Computertomographie. Eine hohe Treffsicherheit bei negativem Vorhersagewert (96%) ergibt bei bestehendem Bronchuskarzinom eine klare Indikation zur Thorakotomie (bei entsprechender Histologie) [47].

T-Staging: Primärtumor

Die Klassifikation der T-Stadien ist radiologisch heute mit einer Treffsicherheit von über 70% möglich. Diagnostische Schwierigkeiten ergeben sich bei hilusnahen Tumoren in der Frage, ob eine Pleura- oder Perikardinvasion oder eine Infiltration großer Gefäßstrukturen vorliegt. Die Computertomographie ist hier durch verbesserte Detail- und Kontrastauflösung den konventionellen Röntgenmethoden deutlich überlegen (Abb. 5A, B; Abb. 6A, B). Der Abstand eines Bronchuskarzinoms zur Carina (über 2 cm bei T2) kann computertomographisch exakt festgehalten werden (Abb. 5B). Der anatomische Kontakt zur Pleura kann zwar exakt abgemessen werden, jedoch die Frage, ob eine Infiltration derselben eingetreten ist, kann meist nicht mit hoher Treffsicherheit beantwortet werden [48]. Die MR-Tomographie zeigt über die Vorteile der Computertomographie hinausgehend noch ein exakteres Auflösungsvermögen der vaskulären und kardialen Strukturen (Abb. 5C) und deren Abgrenzung zu einem möglicherweise in das Mediastinum infiltrierenden Tumor (Abb. 6C). Durch multiplanare Abbildungsmöglichkeiten kann die MR-Tomographie besonders vorteilhaft Primärtumor- und Lymphknotenstationen dokumentieren [49, 50]. Beide Methoden (CT und MRT) sind nicht imstande, auf nicht-invasivem Wege (ohne Punktion) eine gewebstypische Diagnose bei einem soliden Lungenherd zu geben.

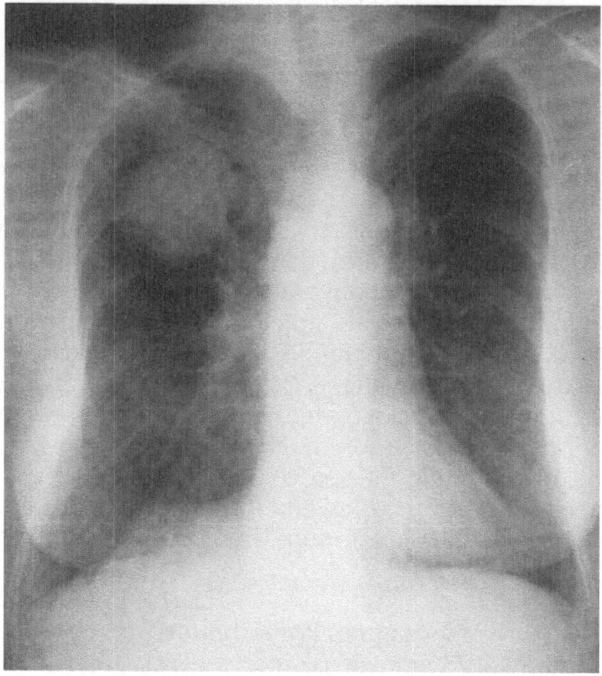

Abb. 5 A–C. Peripheres Bronchuskarzinom, Stadium T2N3
Abb. 5 A. Thoraxübersicht in p. a. Projektion

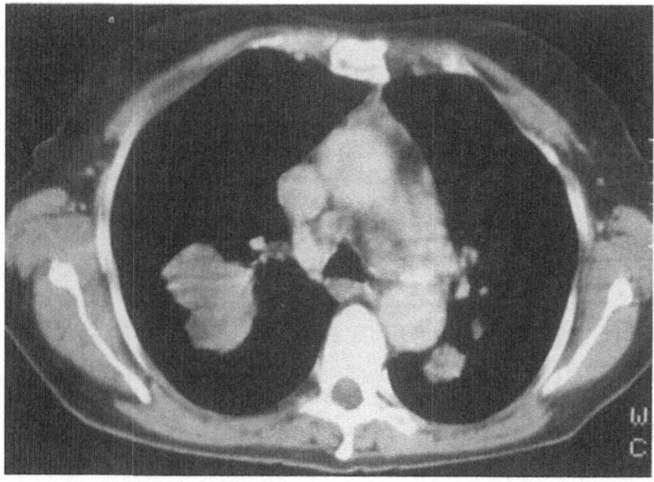

Abb. 5 B. Transaxiales Computertomogramm auf Höhe der Trachealbifurkation während i. v. Kontrastmittelgabe

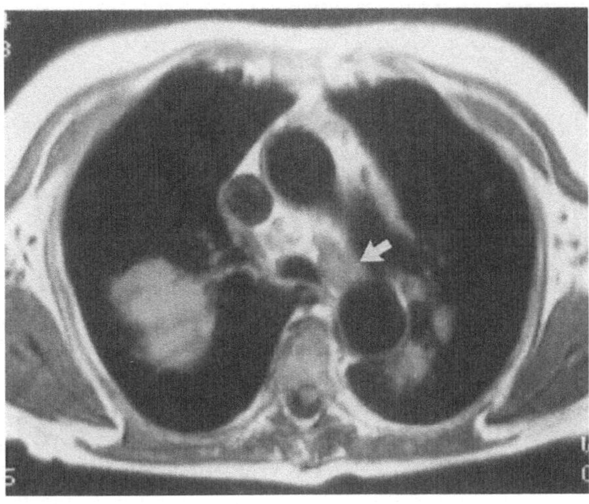

Abb. 5 C. Transaxiales Magnetresonanz-Tomogramm in korrespondierender Höhe zu Computertomographie: Pfeil markiert kontralaterale Lymphknotenmetastase im aorta-pulmonalen Fenster

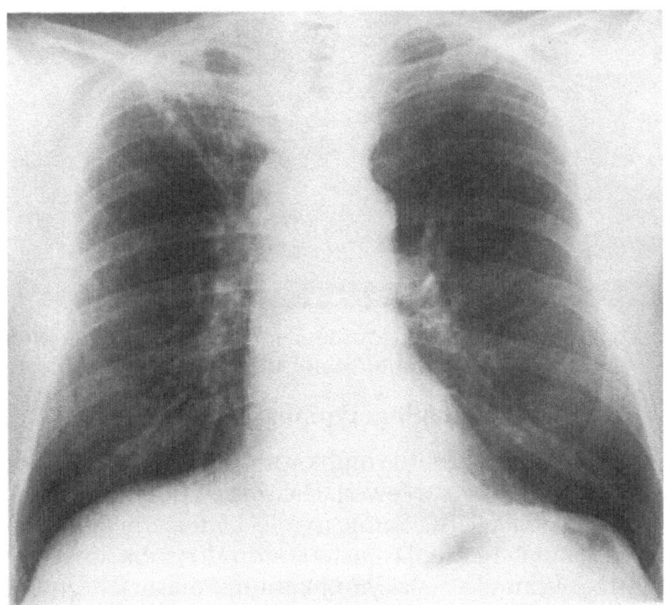

Abb. 6 A–C. Zentrales Bronchuskarzinom mit Invasion des Mediastinums, Stadium T4
Abb. 6 A. Thoraxübersichtsaufnahme in p. a. Projektion

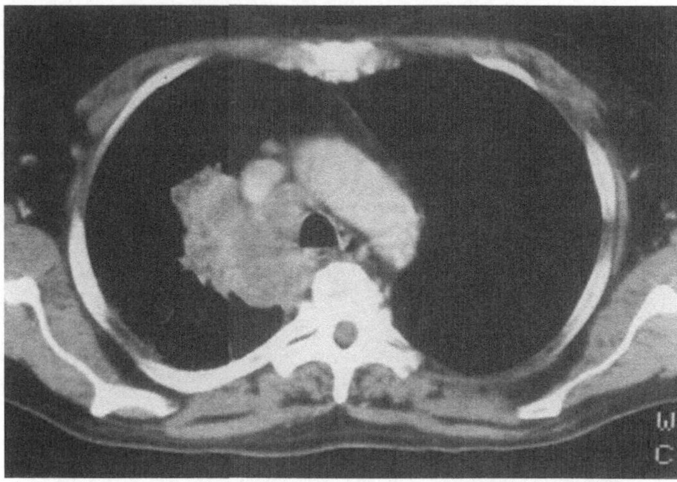

Abb. 6 B. Transaxiales Computertomogramm auf Höhe des Arcus aortae während i.v.
Kontrastmittelgabe

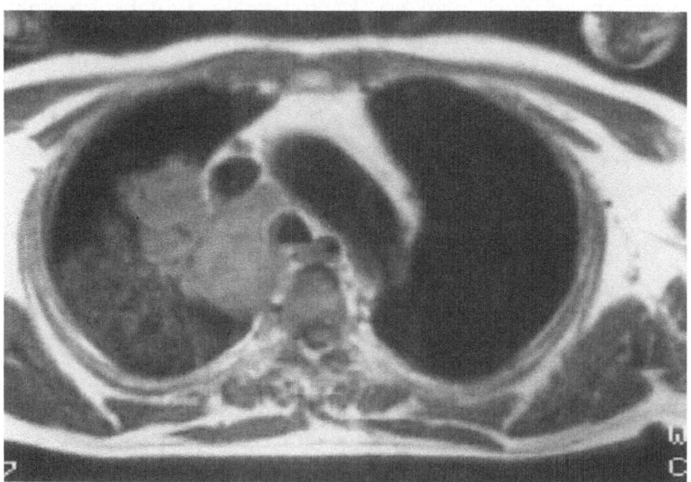

Abb. 6 C. Transaxiales Magnetresonanz-Tomogramm in korrespondierender Höhe zu
Computertomographie

N-Staging: Lymphknoten

Ein adäquates prätherapeutisches Lymphknotenstaging ist ganz entscheidend
für den einzuschlagenden Therapieweg. Die entscheidende Frage ist, ob eine
kurative Operation möglich ist. Somit ist die Unterscheidung zwischen N2
(Metastasen in ipsilateralen, mediastinalen und/oder subkarinalen Lymphknoten) und Stadium N3 (kontralaterale Lymphknotenmetastasen) entscheidend für
die Therapie (Abb. 5B, C). Die Wahrscheinlichkeit eines Lymphknotenbefalls ist
von der anatomischen Lage des Primärtumors und seinem histologischen
Aufbau abhängig. Die Computertomographie erlaubt die direkte nicht-invasive
Darstellung der mediastinalen Lymphknoten. Dabei gilt, wie für den Rest des

Körpers als einziges Maß für den Befall von Lymphknoten im Rahmen einer malignen Erkrankung, deren größter Durchmesser. Lymphknoten-Durchmesser bis 1 cm werden als normal und somit nicht metastatisch befallen eingestuft. Lymphknoten in einer Größe von 1–1,5 cm werden als fraglich pathologisch klassifiziert, solche über 1,5 cm als pathologisch. Mit dieser Einteilung sind die Prozentzahlen für Sensitivität und Spezifität jeweils über 80% und gut gegeneinander abgestimmt [51]. Ausgedehnte Studien zeigten, daß man bei strengeren Kriterien, wie z. B. positive Bewertung von über 10 mm großen Lymphknoten, die Sensitivität durchaus verbessern kann, jedoch zu große Einbußen in der Spezifität in Kauf nehmen muß. Dies trifft auch für den umgekehrten Fall zu, wenn man als pathologisch nur Lymphknoten mit einer Größe von 2 cm annimmt [51].

Die MR-Tomographie ist in der Nachweisrate von Lymphknotenmetastasen genau so gut wie die Computertomographie. Durch die Möglichkeit einer koronalen Schnittführung sind jedoch mittels MR-Tomographie ganz bestimmte Lymphknotenstationen, wie z. B. das aorto-pulmonale Fenster und die Subkarinalregion, viel besser beurteilbar als in der transaxialen Schnittführung der Computertomographie.

Beide Untersuchungsmethoden (CT und MRT) verwenden als Maß für einen Tumorbefall von Lymphknoten den Durchmesser. Eine Beurteilung von Gewebsstrukturen anhand von Dichteunterschieden in der CT oder Signalintensitätsunterschieden in der MRT läßt keine spezifische Gewebsinformation zu (z. B. „reaktiv" versus malign).

Aufgrund des hohen negativen Vorhersagewertes der Computertomographie ist bei entsprechender Histologie eine unauffällige mediastinale CT eine klare Indikation zur Thorakotomie. Die Computertomographie ist ein ideales Instrument zur Planung gezielter Gewebsentnahmen, sei es mediastinoskopisch, bronchoskopisch oder durch perkutane CT-gezielte Punktion.

M-Staging: Fernmetastasen

Fernmetastasen beim Bronchuskarzinom sind im Skelettsystem, in der Leber, im Gehirn und in den Nebennieren häufig anzutreffen. Während das Skelettsystem mittels Skelettszintigraphie und gezielten Röntgenaufnahmen hinsichtlich Fernmetastasen abgeklärt wird, sollte vor jedem operativen Eingriff eine Computertomographie des Gehirnschädels zum Ausschluß zerebraler Metastasen durchgeführt werden. Die Nebennieren sollten idealerweise schon beim thorakalen bzw. mediastinalen CT-Staging mituntersucht werden.

Nierenzellkarzinom

Mit 85% ist das Nierenzellkarzinom der häufigste Tumor der Niere. Die klinischen Manifestationen sind meist eine Hämaturie (Mikro- oder Makrohämaturie), Flankenschmerzen oder eine tastbare abdominelle Raumforderung. Neben den allgemeinen Symptomen einer Tumorerkrankung sind auch zahlreiche paraneoplastische Syndrome inklusive Fieber, Hyperkalzämie, Cushing-Syndrom und Hochdruck beschrieben.

Die Diagnose beginnt meist mit einem bildgebenden Verfahren, welches entweder eine Nephrosonographie oder eine Ausscheidungsurographie darstellt. Dabei sind IV-Urographie und Sonographie der Nieren als einander ideal ergänzende Untersuchungsverfahren anzusehen. Die Sonographie stellt das Nierenparenchym direkt tomographisch dar; die Niere kann in multiplen Ebenen untersucht und dokumentiert werden. Das Nierenbeckenhohlraumsystem, welches sonographisch nicht direkt dargestellt werden kann (wenn es nicht dilatiert ist), ist idealerweise mit der Ausscheidungsurographie zu untersuchen.

T-Staging: Primärtumor

In der TNM-Klassifikation von 1985 [52] ist für das T-Staging die Liste der Minimalerfordernisse noch folgendermaßen abgefaßt: Klinische Untersuchung und Urographie sind als C1 Faktor klassifiziert. Die Arteriographie wird vor der endgültigen Behandlung empfohlen. Sonographie und CT sind eher als Spezialuntersuchungen klassifiziert. Demgegenüber steht die heutige Meinung, daß IV-Urographie und Sonographie als Basisuntersuchungen neben der klinischen Untersuchung gelten (Abb. 7A, B). Die weiterführende und zielführendste Untersuchung zum Lokalstaging ist die Computertomographie (Abb. 7C). Die Arteriographie zu diagnostischen Zwecken wird nur mehr in Ausnahmefällen (fragliche Tumoren unter 2 cm Durchmesser) als Pharmakoangiographie mit Vergrößerungstechnik durchgeführt.

Abb. 7 A–C. Nierenzellkarzinom, Stadium T3

Abb. 7 A. Konventionelles Tomogramm einer Ausscheidungsurographie: Der nach ventral entwickelte Nierentumor ist nicht abgrenzbar; unauffälliges Tomogramm

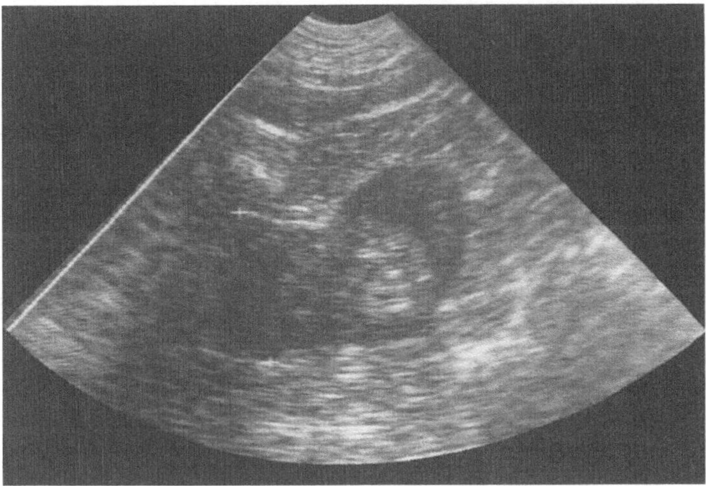

Abb. 7 B. Sonogrammquerschnitt durch die linke Niere: Großer solider Nierentumor zwischen den Kreuzen markiert

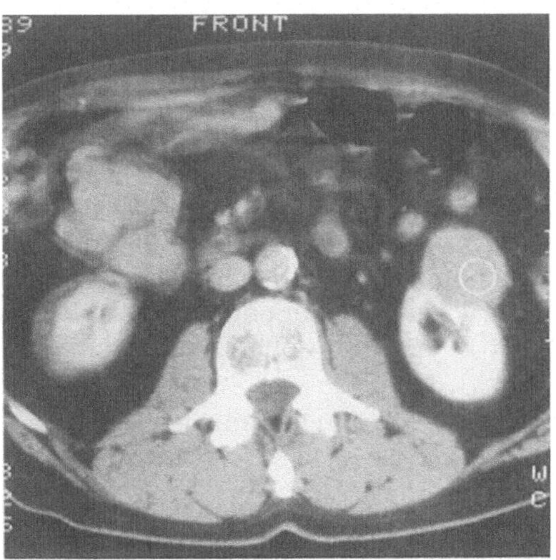

Abb. 7 C. Computertomogramm während i. v. Kontrastmittelgabe demonstriert den großen soliden Nierentumor, welcher in das perirenale Fettgewebe (T3) einwächst

Üblicherweise sind Tumorstadien T1 und T2 als subklinische Tumoren zu bezeichnen, da bei Erstdiagnose Nierenzellkarzinome meist einen Durchmesser von 5 cm überschreiten [53]. Mit der breiten Anwendung von Ultraschall und CT werden jedoch in letzter Zeit Tumoren immer häufiger im subklinischen Stadium, meist als „Nebenbefund", diagnostiziert. Vor allem kann eine technisch adäquat durchgeführte Computertomographie mit intravenöser Bolusapplikation von Kontrastmittel tumoröse Läsionen bereits ab einer Größe von 10 mm darstellen. In solchen Fällen ist eine partielle Nephrektomie bereits als kurative Therapie anwendbar. Im Stadium T3 überschreitet der Primärtumor die Nierenkapsel und kann sich in das perirenale Fettgewebe (Abb. 7C), in die Nebenniere (Stadium T3A) oder in das Nierenvenensystem bzw. die Vena cava inferior (Stadium T3B) ausdehnen. Die Tumorinvasion des venösen Systems ist meist in der Kombination von Sonographie (hier idealerweise Duplexsonographie oder Farbdopplersonographie) und Computertomographie (Kontrastmittel) diagnostizierbar. In Einzelfällen ist es jedoch notwendig, zur Operationsplanung entweder eine Magnetresonanz-Tomographie [54] oder eine Cavographie durchzuführen. Ziel dieser spezielleren Untersuchungen ist, eine etwaige Tumorthrombusausdehnung in die Vena cava inferior zu diagnostizieren und gleichzeitig die Thrombusspitze darzustellen. Eine Ausdehnung des Tumorthrombus bis in den rechten Vorhof des Herzens sollte präoperativ bekannt sein. Im T4-Stadium invadiert das Nierenzellkarzinom die Gerota'sche Faszie und dehnt sich in das pararenale Fettgewebe aus. Invasion angrenzender Organe, wie Abdominalwand, Psoasmuskulatur, in seltenen Fällen auch Leber bzw. Milz, werden durch CT gut erfaßt. Auch hier ist in Einzelfällen vor allem bei fraglicher Leber- oder Milzinvasion eine MR-Tomographie einsetzbar [55].

N-Staging: Lymphknoten

Lymphknotenmetastasen sind in 20% der Fälle zu erwarten [53]. Stadium I der Lymphknotenmetastasierung bei Nierenzellkarzinomen ist eine solitäre Lymphknotenmetastase, welche 2 cm Durchmesser nicht überschreitet. Stadium II entspricht einer solitären Lymphknotenmetastase zwischen 2 und 5 cm oder multiplen Lymphknotenmetastasen, welche ebenfalls den Maximaldurchmesser von 5 cm nicht überschreiten dürfen. Die CT beschreibt, wie üblich, die Größe der Lymphknoten und ist wegen deren Darstellung in der Paraaortalregion der Sonographie in vielen Fällen überlegen. Reaktive Lymphknotenvergrößerungen sind nicht von neoplastisch infiltrierten Lymphknoten differenzierbar.

M-Staging: Fernmetastasen

Metastasen sind in bis zu 80% der Patienten zu beobachten, die über eine längere Zeit nachkontrolliert wurden. Hauptmanifestationsorgane sind die Lunge (60%), das Skelettsystem (43%) und die Leber (34%). Konsequenterweise sind Lungenröntgen (eventuell Ganzlungentomographie) oder Computertomographie der Lunge und Skelettszintigraphie die geeigneten Untersuchungsmethoden für eine Suche nach Metastasen beim Nierenzellkarzinom.

Tumoren des Kopf- und Halsbereiches

Mit Ausnahme der Kleinhirnbrückenwinkeltumoren werden im Kopf-Hals-Bereich nahezu alle Tumoren primär durch Inspektion oder Endoskopie diagnostiziert [56–58]. Im Rahmen der Primärtumordiagnostik dient die Radiologie vorwiegend zur Tumorabgrenzung, bei wenigen Raumforderungen auch zur Tumordifferenzierung [59–69]. Dies hat in vielen Fällen allerdings einen direkten Einfluß auf das therapeutische bzw. operative Vorgehen.

In der Rezidivdiagnostik werden bildgebende Verfahren neben der Rezidivabgrenzung auch zum Rezidivnachweis bzw. -ausschluß eingesetzt.

Tumoren des Kleinhirnbrückenwinkels

Das Akustikusneurinom ist der häufigste Tumor des Kleinhirnbrückenwinkels, gefolgt von Meningeomen. Kleinhirnbrückenwinkeltumoren sind zumeist benign und werden in optimaler Weise mittels MR-Tomographie diagnostiziert und abgegrenzt. Das MR-Kontrastmittel Gadolinium(Gd)-DTPA ist für die MR-Diagnostik unerläßlich, da die meisten Tumoren in diesem Bereich eine starke Anfärbung zeigen [68].

Kernspintomographisch können auch kleinere, intrakanalikuläre Akustikusneurinome mit hoher Treffsicherheit nachgewiesen werden (Abb. 8). Meningeome zeigen zum Teil ein rasenförmiges Wachstum, welches kernspintomographisch ebenfalls erfaßt werden kann [66].

Falls keine MRT zur Verfügung steht, kann auch die Computertomographie eingesetzt werden, obwohl kleine Akustikusneurinome der CT entgehen können [69]. Die früher zum Nachweis von kleinen Akustikusneurinomen durchgeführte CT-Pneumozisternographie konnte durch die MRT praktisch ersetzt werden [68].

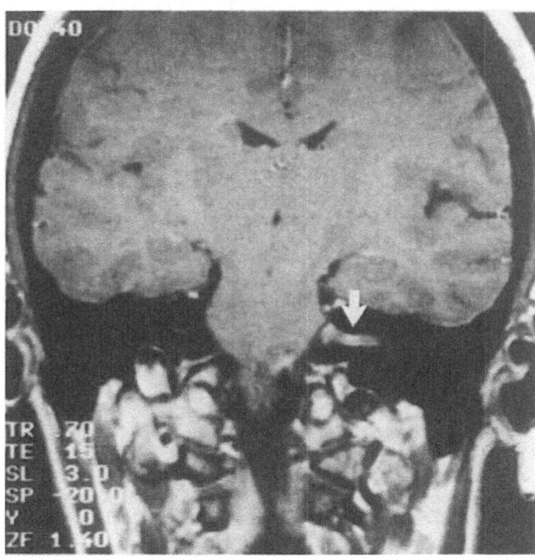

Abb. 8. Frontales Magnetresonanz-Tomogramm nach Gadolinium-DTPA i.v.: Anfärbung eines kleinen intrakanikulären Akustikusneurinoms (Pfeil)

Tumoren des Schläfenbeines

Cholesteatome sind pseudotumoröse Entzündungen, wobei bei großen Raumforderungen häufig Osteodestruktionen nachgewiesen werden können. Größere Cholesteatome sollten mittels hochauflösender Computertomographie abgegrenzt werden [62, 63, 67]. Glomus jugulare-Tumoren zeigen typischerweise ein starkes Kontrastmittelenhancement, wobei die ossären Destruktionen mittels CT treffsicher nachgewiesen werden können [62]. Die Weichteilabgrenzung gelingt kernspintomographisch besser. MR-tomographisch kann zum Teil zwischen Tumorinfiltrationen und stauungsbedingten bzw. entzündlichen Verschattungen des pneumatischen Systems des Mastoids unterschieden werden [62]. Ferner gelingt die Tumorabgrenzung gegenüber dem Gehirn besser.

Tumoren der Nasennebenhöhlen

Ca. 90% der malignen Tumoren der Nasennebenhöhlen sind Plattenepithelkarzinome. Aufgrund der Symptomarmut werden sie häufig erst in fortgeschrittenen Stadien diagnostiziert. Die Computertomographie ist für die Abgrenzung des Tumors unerläßlich. Nativ-radiologische Übersichtsaufnahmen sind für ein exaktes Tumorstaging nicht ausreichend. Computertomographisch sind Osteodestruktionen gut erfaßbar [65]. Die Untersuchung sollte, wenn möglich, stets in

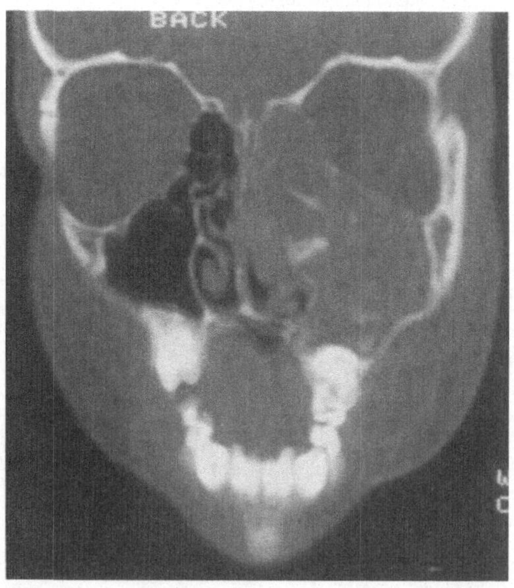

Abb. 9. Frontales Computertomogramm (Knochenfenster): Ausgedehntes Nasennebenhöhlenkarzinom mit Infiltration von linker Kieferhöhle, Siebbeinzellen und Nasenhaupthöhle

axialer und coronaler Schichtrichtung durchgeführt werden, um eine optimale Abgrenzung gegenüber der Schädelbasis zu gewährleisten (Abb. 9). Computertomographisch ist eine Weichteildifferenzierung einer pathologischen Nasennebenhöhlenverschattung (entzündlich vs tumorös) häufig nicht mit ausreichender Treffsicherheit möglich. In dieser Fragestellung ermöglicht die MRT zumindest bei Plattenepithelkarzinomen unter Berücksichtigung der T1- und T2-gewichteten Sequenz sowie der Gd-DTPA-Anfärbung häufig eine Unterscheidungsmöglichkeit. Zudem können Infiltrationen des parapharyngealen Raumes kernspintomographisch besser abgegrenzt werden. Tumorinfiltration in die Orbita können sonographisch (Abb. 10), computertomographisch und mit der MRT treffsicher nachgewiesen werden.

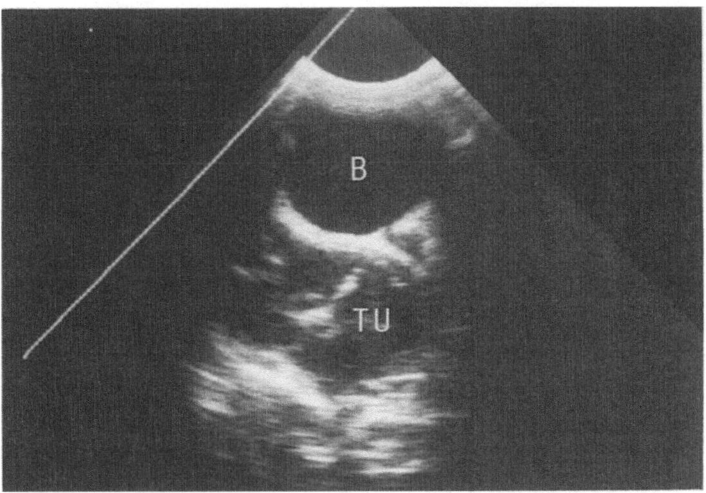

Abb. 10. Transbulbärer Ultraschall: Echoarmer Tumor (malignes Lymphom) im retrobulbären Fettgewebe; *B* Bulbus, *TU* Tumor

Tumoren des Epipharynx

Epipharynxkarzinome können mittels CT oder MRT abgegrenzt werden, wobei die CT Osteodestruktionen (T4) bei koronaler Schichtebene treffsicher nachweisen läßt. Kernspintomographisch gelingt die Differenzierung zu den umgebenden Weichteilen und Gefäßen im parapharyngealen Raum besser (Abb. 11) [62].

Die Tumorausbreitung in die Nasenhöhle und/oder Oropharynx (T3) läßt sich kernspintomographisch erfassen.

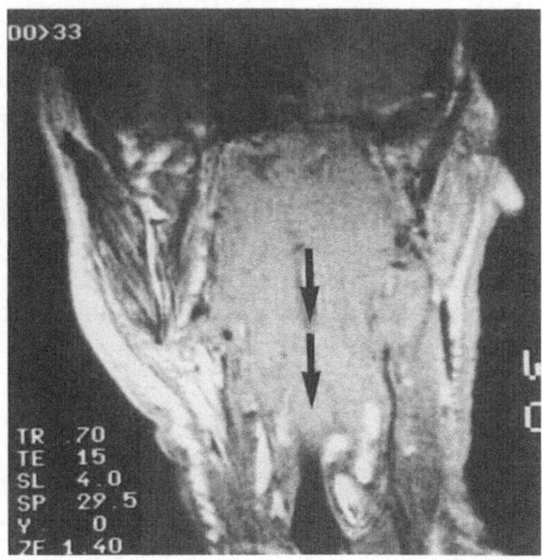

Abb. 11. Frontales Magnetresonanz-Tomogramm: Ausgedehntes Epi-, Meso- und Hypopharynxkarzinom mit supraglottischer Infiltration des Larynx (Pfeile)

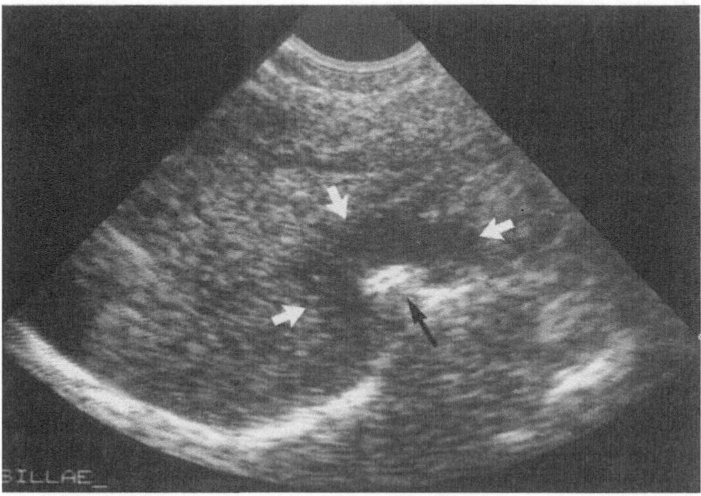

Abb. 12. Sonographischer Längsschnitt des Zungengrundes (submentale Transducer-applikation). Echoarme (tumoröse) Infiltration des Zungengrundes (weiße Pfeile) mit Ulzeration (schwarzer Pfeil)

Tumoren des Oropharynx

Klinisch wird die Größe von Oropharynxmalignomen häufig unterschätzt. Bei
Tumoren, die auf den Mundboden bzw. die Zunge begrenzt sind, kann die
kostengünstige Ultraschalluntersuchung die Läsionen ausgezeichnet darstellen.
Mit dieser Untersuchung lassen sich Fragestellungen wie Mittellinienüberschrei-
tung bzw. Drittelzuordnung von Zungentumoren gut beurteilen (Abb. 12) [61].
Bei Tumoren, die auf die seitliche Pharynxwand bzw. retropharyngeal oder nach
kranial auf den Gaumenbogen übergreifen, ist eine CT bzw. MRT unerläßlich.
Computertomographisch bestehen zum Teil Artefakte infolge von Zahnplom-
ben. Zudem ist die Tumorabgrenzung zur intrinsischen Zungenmuskulatur häufig schwierig. Die MRT liefert zumeist einen guten Tumorweichteilkontrast; 20%
der Untersuchungen sind jedoch infolge von Schluckartefakten nur eingeschränkt bzw. nicht beurteilbar [68].

Der Nachweis von Osteodestruktionen der Mandibula erfordert häufig den
Einsatz von Orthopantomographien bzw. Panoramaröntgen. Die Knochenszintigraphie und die Sonographie erwiesen sich als sensitive Methoden im Nachweis von Osteodestruktionen der Mandibula. Die für die T-Einteilung wichtige
Größenbestimmung von Oropharynxtumoren kann mittels bildgebender Verfahren genauer als klinisch erfaßt werden.

Speicheldrüsentumoren

Ca. 80% der Speicheldrüsentumoren sind benign und im oberflächlichen Anteil
der Ohrspeicheldrüse gelegen. Diese oberflächlichen Tumoren können sonographisch ausreichend sicher nachgewiesen bzw. auch abgegrenzt werden
(Abb. 13) [61, 64]. Bei fehlender sonographischer Abgrenzbarkeit des Tumors

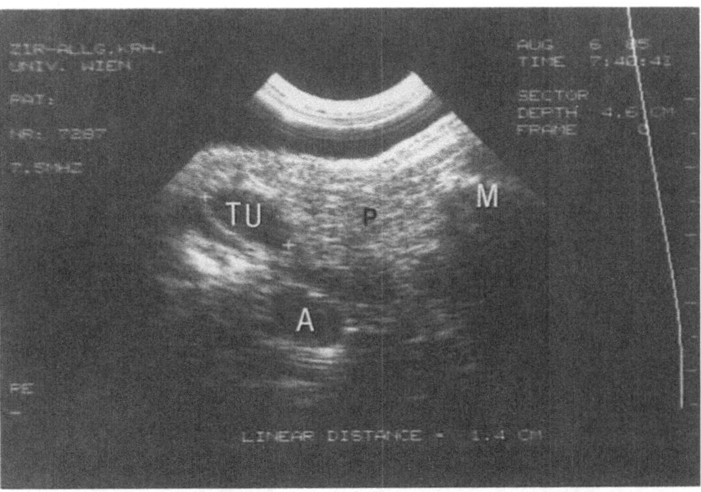

Abb. 13. Sonographischer Querschnitt rechte Glandula parotis (*P*): Echoarme Raumforderung (zwischen den Kreuzen) in der Ohrspeicheldrüse (histologisch: Whartin-
tumor) *TU* Tumor, *A* Arteria carotis interna, *M* Mandibula

nach medial, in Richtung parapharyngealen Raum bzw. zur Schädelbasis, sollte
ein CT bzw. MRT erfolgen. Die Computertomographie bietet den Vorteil, Osteodestruktionen von Mastoid bzw. Mandibula darzustellen. Die MRT zeigt allerdings häufig den besseren Tumor-Weichteilkontrast, zudem ist sie der Computertomographie in der Differenzierung zu parapharyngealen Tumoren überlegen.

   Ultraschall und CT ermöglichen keine Darstellung des Nervus facialis. Die
MRT ermöglicht gelegentlich den Nachweis des Facialishauptstammes; eine
sichere Beurteilung der Relation von Parotistumoren zum Nervus facialis ist
jedoch derzeit nicht möglich [68].

Larynx- und Hypopharynxtumoren

Die bildgebende Diagnostik von Larynxtumoren ist lediglich bei fortgeschrittenen, endoskopisch nicht komplett abgrenzbaren Tumoren indiziert (T3 und T4).
Infiltrationen des Zungengrundes bzw. des präepiglottischen Raumes können
mittels Ultraschall, CT bzw. MRT in annähernd gleicher Treffsicherheit erfolgen
(Abb. 14) [61]. Die MRT dürfte der CT und der Sonographie in der Abgrenzbarkeit
von endolaryngealen Tumoren überlegen sein. Die Möglichkeit der frontalen
Schichtung erwies sich als vorteilhaft. Zudem dürfte die MRT die größte Treffsicherheit im Nachweis von Larynxknorpelinfiltrationen (T4) aufweisen [68].
Größere Destruktionen können auch sonographisch bzw. computertomographisch nachgewiesen werden.

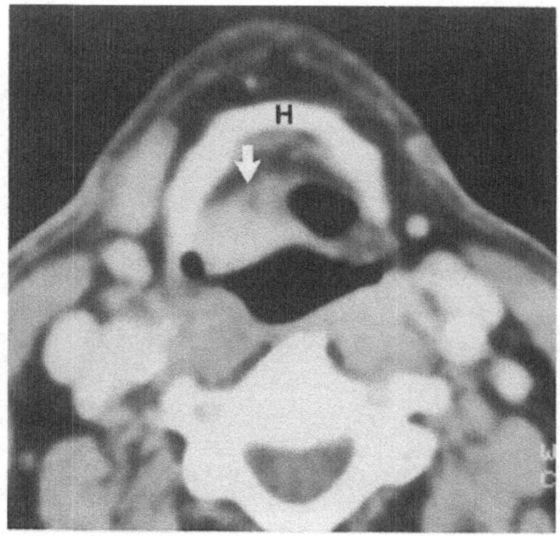

Abb. 14. Axiales Computertomogramm des präepiglottischen Raumes: Supraglotti-
sches Larynxkarzinom mit Befall der rechten aryepiglottischen Falte (Pfeil), *H* Hyoid

Infiltrationen des subglottischen Raumes bzw. Hypopharynxinvasionen sind kernspintomographisch beurteilbar. Schilddrüseninfiltrationen können am einfachsten real-time-sonographisch während Schluckmanöver nachgewiesen werden.

Lymphknotenstaging bei Tumoren des Kopf- und Halsbereiches

Bildgebende Verfahren haben das Lymphknotenstaging im Vergleich zur Palpation eindeutig verbessert [61, 62, 68].

Am eigenen Institut wird bei allen Tumoren des Kopf- und Halsbereiches mit Ausnahme von Nasennebenhöhlenkarzinomen, Epipharynxkarzinomen und retropharyngeal reichenden Tumoren die hochauflösende Sonographie zur Lymphknotenbeurteilung durchgeführt. Bei den letztgenannten Tumoren wird die CT bzw. MRT zur Erfassung der retropharyngealen Lymphknotengruppe eingesetzt [68].

Bei negativem bildgebendem Lymphknotenstatus sind Lymphknotenmetastasen zwar nicht ausgeschlossen, aber doch insgesamt sehr unwahrscheinlich. In vielen Fällen wird eine „neck dissection" durch den Befund der bildgebenden Verfahren modifiziert. An dieser Stelle muß jedoch festgehalten werden, daß bildgebende Verfahren keine exakte histologische Diagnose von Lymphknotenmetastasen ermöglichen. Die Spezifität der Schnittbildverfahren in der Differenzierung von reaktiven und tumorösen Lymphknoten liegt bei knapp 90%.

Sonographisch kann zudem die Beziehung von blastomatösen Raumforderungen bzw. Lymphknotenmetastasen zu den großen zervikalen Gefäßen analysiert werden (Abb. 15). Gefäßwandinfiltrationen der Arteria carotis können sonographisch erfaßt werden.

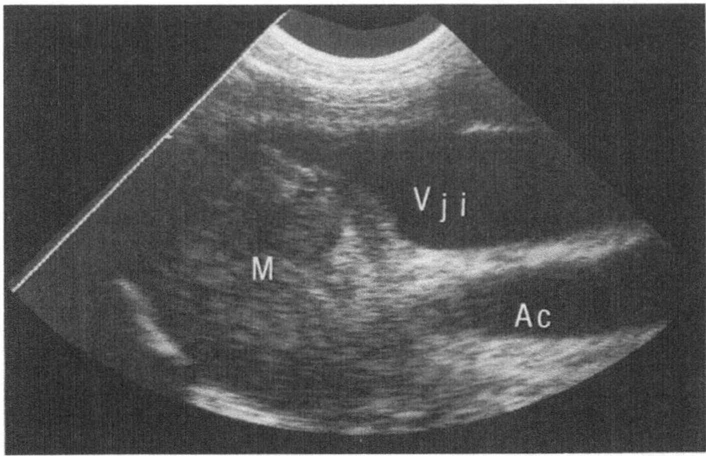

Abb. 15. Sonographischer Längsschnitt der Arteria carotis *Ac*: Zirkuläres Umwachsen der Arterie infolge von Lymphknotenmetastasen *M, Vji* Vena jugularis interna

In der Region knapp unterhalb der Schädelbasis sind in dieser Fragestellung CT bzw. MRT indiziert. Nach Meinung der Autoren ist die derzeitige klinische N0-N3 Klassifizierung der regionalen Lymphknoten insuffizient und sollte durch ein bildgebendes Lymphknotenstaging ersetzt werden.

Fernmetastasen bei Tumoren des Kopf- und Halsbereiches

Bei Tumoren im Kopf-Hals-Bereich sind Lymphknotenmetastasen wesentlich häufiger; es ist jedoch insgesamt in bis zu 18% mit hämatogenen Fernmetastasen zu rechnen. Vornehmlich sind Lunge, Pleura, Leber, Knochen betroffen. Die Frage nach Lungen- bzw. Pleurasekundaria wird am zweckmäßigsten mittels Nativröntgen beantwortet. Bei den für Tumoren im Kopf-Hals-Bereich prädisponierten Patienten (häufig Nikotinabusus) ist bei solitären Rundherden auch an primäre Bronchuskarzinome zu denken. Lebermetastasen können sonographisch erfaßt werden. Bei dieser Patientengruppe werden häufig auf Leberverfettung bzw. Zirrhose suspekte Befunde erhoben. Eine solitäre echoarme, intrahepatale Raumforderung sollte durch US-gezielte Feinnadelpunktion abgeklärt werden, um ein hepatozelluläres Karzinom auszuschließen. Knochenmetastasen können mittels Ganzkörperszintigraphie relativ treffsicher erfaßt werden.

Literatur

1. TNM-Atlas (UICC) (1989) Illustrated guide to the TNM (pTNM-classification) of malignant tumors. Springer, Berlin Heidelberg New York Tokyo
2. Arnold W (1984) Klinische und serologische Befunde beim primären Leberzellkarzinom. Dtsch Med Wochenschr 109: 460
3. Sheu JC, Chen DS, Sung JL, et al (1985) Hepatocellular carcinoma: US evolution in the early stage. Radiology 155: 463
4. Mostbeck G, Neuhold N, Wittich G (1987) Perkutane Biopsie – Zytologie oder Histologie? Kongreßband des Österreichischen Röntgenkongresses, Wien, S 32
5. Yoshikawa J, Matsui O, Takashima T, et al (1988) Fatty metamorphosis in hepatocellular carcinoma: radiologic features in 10 cases. AJR 151: 717
6. Rummeny E, Weissleder R, Stark D, et al (1989) Primary liver tumors: diagnosis by MR imaging. AJR 152: 63
7. Wernecke K, Peters PE (1985) Sonographische und computertomographische Diagnostik von Lebermetastasen. Eine Übersicht. Radiologe 25: 141
8. Itoh K, Nishimura K, Togashi K, et al (1987) Hepatocellular carcinoma: MR imaging. Radiology 164: 21
9. Mathieu D, Guinet C, Bouklia-Hassane A, et al (1988) Hepatic vein involvement in hepatocellular carcinoma. Gastrointest Radiol 13: 55
10. Ferrucci JT (1986) MR imaging of the liver. AJR 147: 1103
11. Rummeny E, Sainsi S, Wittenberg J, et al (1988) MR imaging of liver neoplasms. AJR 152: 493
12. Ferrucci JT, Freeny PC, Stark DD, et al (1988) Advances in hepatobiliary radiology. Radiology 168: 319
13. Olbert F, Walter R (1989) Therapeutische Embolisierung bei Lebererkrankungen (Leber und Ösophagus). Hämostaseologie 9: 21

14. Weill FS, Costaz R, Racle A, et al (1986) Ultrasound study of adenopathies within the hepatoduodenal ligament: the „Rosebud" pattern. Gastrointest Radiol 11: 142
15. Görich J, van Kaick G (1988) Sonographische Differentialdiagnostik herdförmiger Leberläsionen. Radiologie 28: 349
16. Hauenstein KH, Wimmer B, Friedburg H, et al (1988) Aussagekraft der Kernspintomographie im Vergleich zu Sonographie und Computertomographie in der Diagnostik fokaler Leberläsionen. Radiologe 28: 362
17. Brick SH, Hill MC, Lande IM (1987) The mistaken or indeterminate CT diagnosis of hepatic metastases: the value of sonography. AJR 148: 723
18. Göthlin J, Gutierrez D, Dondelinger R, et al (1986) Computed tomographic arteriography (CTA) of the liver. Evaluation of technique, results and indications. Eur J Radiol 6: 191
19. Stark DD, Wittenberg J, Butch RJ, et al (1987) Hepatic metastases: randomized, controlled comparison of detection with MR imaging and CT. Radiology 165: 399
20. Reinig JW, Dwyer AJ, Miller DL, et al (1987) Liver metastasis detection: comparative sensitivities of MR imaging and CT scanning. Radiology 162: 43
21. Bernardino ME, Erwin BC, Steinberg HV, et al (1986) Delayed hepatic CT scanning: increased confidence and improved detection of hepatic metastases. Radiology 159: 71
22. Matsui O, Takashima T, Kadoya M, et al (1987) Liver metastases from colorectal cancers: detection with CT during arterial portography. Radiology 165: 65
23. Wimmer B, Hauenstein KH (1988) Grenzen der computertomographischen Differentialdiagnostik bei fokalen Leberveränderungen. Radiologe 28: 356
24. Bressler EL, Alpern MB, Glazer GM, et al (1987) Hypervascular hepatic metastases: CT evaluation. Radiology 162: 49
25. Heiken JP, Weyman PJ, Lee JKT, et al (1989) Detection of focal hepatic masses: prospective evaluation with CT, delayed CT, CT during arterial portography, and MR imaging. Radiology 171: 47
26. Shie CJ, Dunn E, Standard E (1981) Primary carcinoma of the gallbladder. Cancer 47: 996
27. Frank W, Graf O, Jantsch H, et al (1989) Sonographie des Gallenblasenkarzinoms: Korrelation mit dem Operationsbefund in 60 Fällen. Fortschr Röntgenstr 150: 556
28. Zeman RK, Burell MI (1987) Gallbladder and bile duct imaging. Churchill Livingstone, New York Edinburgh London Melbourne
29. Weiner SN, Koenigsberg M, Morehouse H, et al (1984) Sonography and CT in the diagnosis of carcinoma of the gallbladder. AJR 142: 735
30. Cooperberg PL, Li D, Wong P, et al (1980) Accuracy of common hepatic duct size in the evaluation of extrahepatic biliary obstruction. Radiology 135: 141
31. Leopold GR (1979) Ultrasonography of jaundice. Radiol Clin North Am 17: 127
32. Laing FC, Jeffrey RB Jr, Wing VW, et al (1986) Biliary dilatation: defining the level and cause by real-time US. Radiology 160: 39
33. Yeung EYC, McCarthy P, Gompertz RH, et al (1988) The ultrasonographic appearances of hilar cholangiocarcinoma (Klatskin tumors). Br J Radiol 61: 991
34. Nesbit GM, Johnson CD, James EM, et al (1988) Cholangiocarcinoma: diagnosis and evaluation of resectability by CT and sonography as procedures complementary to cholangiography. AJR 151: 933
35. Karstrup S (1988) Ultrasound diagnosis of cholangiocarcinoma at the confluence of the hepatic ducts (Klatskin tumors). Br J Radiol 61: 987
36. Klatskin G (1965) Adenocarcinoma of the hepatic duct at its bifurcation within the porta hepatis. An unusual tumor with destinctive clinical and pathological features. Am J Med 38: 241

37. Pichler W, Frank W, Jantsch H, et al (1989) Sonographisches Staging des Pankreaskarzinoms. Fortschr Röntgenstr 150: 241
38. Strunk H, Kuhn FP, Weibler U, et al (1988) Sonographie beim Pankreaskarzinom. Sonomorphologie, Treffsicherheit und Tumorstaging. Radiologe 28: 277
39. Günther RW, Klose KJ, Rückert K, et al (1983) Islet-cell tumors: detection of small lesions with computed tomography and ultrasound. Radiology 148: 485
40. Steiner E, Stark DD, Hahn PF, et al (1989) Imaging of pancreatic neoplasms: comparison of MR and CT. AJR 152: 487
41. Hessel SJ, Siegelman SS, McNeil BJ, et al (1982) A prospective evaluation of computed tomography and ultrasound of the pancreas. Radiology 143: 129
42. Mostbeck G (1986) Sonographie des Pankreas. Wien Klin Wochenschr 98: 229 (Abstrakt)
43. Gebel M, Stiehl M, Freise J (1985) Wert der sonographischen Pankreasgangdarstellung für die Diagnose der chronischen Pankreatitis und des Pankreaskarzinoms im Vergleich zur ERP. Ultraschall 6: 127
44. Korobkin M (1981) Computed tomography of the retroperitoneal vasculature and lymph nodes. Semin Roentgenol 16: 251
45. Hillman BJ, Haber K (1980) Echographic characteristics of malignant lymph nodes. J Clin Ultrasound 8: 213
46. Lee JKT, Heiken JP, Ling D, et al (1984) Magnetic resonance imaging of abdominal and pelvic lymphadenopathy. Radiology 153: 181
47. Imhof H, Kramer J, Hajek P, et al (1986) CT Staging des Bronchus-Karzinoms, seine Bedeutung für Therapie und Prognose. In: Pokieser H, Imhof H, Wittich G (Hrsg) Tumore und bildgebende Verfahren. Facultas, Wien, S 323
48. Gamsu G (1986) Multi-modality update on lung cancer imaging. Diagnostic Imaging 2: 96
49. Poon PY, Bronskill MJ, Henkelman RM, et al (1987) Mediastinal lymph node metastases from bronchogenic carcinoma: detection with MR imaging and CT. Radiology 162: 651
50. VonSchulthess GK, McMurdo KK, Tscholakoff D, et al (1986) Mediastinal masses: MR imaging. Radiology 158: 289
51. Quint LE, Glazer GM, Orringer MB, et al (1986) Mediastinal lymph node detection and sizing at CT and autopsy. AJR 147: 469
52. Spiessl P, Hermanek P, Scheibe O (1985) TNM-Atlas. Springer, Berlin Heidelberg New York Tokyo
53. Levine E (1987) Renal cell carcinoma: radiological diagnosis and staging. Semin Roentgenol 4: 248
54. Fein AB, Lee JKT, Balfe DM, et al (1987) Diagnosis and staging of renal cell carcinoma: a comparison of MR imaging and CT. AJR 148: 749
55. Hricak H, Thoeni RF, Carroll PR, et al (1988) Detection and staging of renal neoplasms: a reassessment of MR imaging. Radiology 166: 643
56. Becker W, Naumann HH, Pfaltz CR (1986) Hals-Nasen-Ohren-Heilkunde, 3. Aufl. Kurzgefaßtes Lehrbuch mit Atlasteil. Differentialdiagnostische Tabellen. Thieme, Stuttgart
57. Berendes J, Link R, Zöllner F (1977-1983) Hals-Nasen-Ohren-Heilkunde in Praxis und Klinik. Thieme, Stuttgart
58. Boennighaus HG (1986) Hals-Nasen-Ohrenheilkunde, 7. Aufl. Springer, Berlin Heidelberg New York Tokyo
59. Brusis T, Mödder U (1984) HNO-Röntgen-Aufnahmetechnik und Normalbefunde. Springer, Berlin Heidelberg New York Tokyo
60. Brusis T, Mödder U (1986) HNO-Röntgen-Atlas. Pathologische Befunde. Springer, Berlin Heidelberg New York Tokyo

61. Czembirek H, Frühwald F, Gritzmann N (1988) Kopf-Hals-Sonographie. Springer, Wien New York
62. Frey KW, Mees K, Vogl Th (1989) Bildgebende Verfahren in der HNO-Heilkunde. Enke, München
63. Köster O (1988) Computertomographie des Felsenbeines. Thieme, Stuttgart
64. Mann WJ (1984) Ultraschall im Kopf-Hals-Bereich. Springer, Berlin Heidelberg New York Tokyo
65. Reisner K, Gosepath I (1973) Schädeltomographie. Leitfaden und Atlas. Thieme, Stuttgart
66. Schinz H (1986) Radiologische Diagnostik in Klinik und Praxis. In: Frommhold W, Dihlmann W, Stender HSt, et al (Hrsg) Bd V/1: Schädel und Gehirn, 7. Aufl. Thieme, Stuttgart
67. Schneider G, Tölly E (1984) Radiologische Diagnostik des Gesichtsschädels. Thieme, Stuttgart
68. Valvassori GE, Buckingham RA, Carter BL, et al (1988) Head and neck imaging. Thieme, Stuttgart
69. Valvassori GE, Potter GD, Hanafee WN, et al (1984) Radiologie in der Hals-Nasen-Ohren-Heilkunde. Thieme, Stuttgart

Ultraschall pigmentierter Hauttumoren. Differentialdiagnose und Lokalstaging

P. Barton, B. Schwaighofer und P. Hübsch

Einleitung

Während die Ultraschalldiagnostik heute in vielen medizinischen Fachgebieten fest etabliert ist, wird die Sonographie erst seit jüngster Zeit auch in der Dermatologie eingesetzt [1, 2]. Erst durch die Entwicklung hochfrequenter und hochauflösender Schallköpfe ist es möglich geworden, auch die Körperoberfläche sonographisch darzustellen und normale anatomische sowie pathologische Hautstrukturen abzubilden [3–7].

So ist mittels Ultraschall nicht nur die Differenzierung des malignen Melanoms von benignen pigmentierten Hauttumoren, sondern auch erstmals nichtinvasiv die präoperative Bestimmung der Invasionstiefe von Hauttumoren möglich geworden [8–11].

Untersuchungstechnik

Ultraschallgerät

Zur Ultraschalldiagnostik in der Dermatologie sind hochauflösende, handelsübliche B-Scan-Realtime-Ultraschallgeräte erst ab einer Ultraschallfrequenz von 10 MHz geeignet. Nur mit diesen hohen Frequenzen können so oberflächlich gelegene Strukturen wie die Haut ausreichend aufgelöst werden.

Linear- und Sektorschallköpfe sind für die Ultraschalldiagnostik in der Dermatologie gleichermaßen gut geeignet.

Vorlaufstrecke

Die Ankoppelung des Schallkopfes an die Haut muß in jedem Fall mit einer nicht echogebenden Vorlaufstrecke (z. B. Silikonblock) erfolgen, da sonst Kutis und Subkutis nicht in der Fokuszone des Schallkopfes gelegen wären und Nahfeld-artefakte eine Beurteilung dieser Strukturen verhindern würden [12].

Durch entsprechende Kompression mit dem Schallkopf kann die Dicke der Vorlaufstrecke variiert und so die zu untersuchende Hautläsion im Fokusbereich des Schallkopfes (etwa 0,5 bis 2 cm ab Schallkopfoberfläche) abgebildet werden. Zudem hilft der weiche elastische Silikonvorlauf, mechanische Irritationen von Haut bzw. Hauttumoren weitgehend zu vermeiden.

Vor der Applikation muß die Vorlaufstrecke mit Wasser benetzt werden, um eine optimale Verbindung mit der Hautoberfläche zu erzielen. Auf die Verwendung von Ultraschallgel zwischen Vorlaufstrecke und Haut sollte verzichtet werden, da sonst feine Luftbläschen im Gel die Ultraschallwellen reflektieren und so zur Artefaktbildung und zu Fehlinterpretationen führen können. Demgegenüber sollte die Ankoppelung des Schallkopfes an die Vorlaufstrecke mit Ultraschallgel erfolgen.

Meßtechnik

Um eine genaue Dickenmessung von Hauttumoren zu gewährleisten, muß der Schallkopf senkrecht zur Hautoberfläche geführt und der Bereich der größten Tumordicke mehrmals in verschiedenen Ebenen abgebildet und vermessen werden.

Für eine möglichst exakte digitale Vermessung sollte das Ultraschallbild immer maximal vergrößert werden. Da aber dabei eine ganz exakte Positionierung der elektronischen Meßpunkte nicht immer möglich ist, empfiehlt sich ein manuelles Nachmessen der dokumentierten Ultraschallbilder mit dem Stechzirkel.

Normale Sonoanatomie

Die normale Haut kommt sonographisch als mäßig echoreiches Band, das sich bei starker Vergrößerung in mehrere Schichten auflösen läßt, zur Darstellung [3, 6] (Abb. 1).

Hinter einem echoreichen Schalleintrittsband finden sich echodichte Strukturen, die der *Epidermis* und dem *Corium* entsprechen. Die einzelnen Schichten der Ober- und Lederhaut sind sonographisch derzeit noch nicht weiter differenzierbar.

Das *subkutane Fettgewebe* kommt sonographisch eher grob und echoarm strukturiert zur Darstellung und wird von echoreichen Reflexbändern, den Bindegewebssepten, durchzogen. Die Subkutis ist von der Kutis durch eine unregelmäßige Grenzschicht deutlich abgetrennt.

Die gleichfalls echoarme *Muskulatur* läßt sich durch die umgebende echoreiche Faszie sowie die regelmäßigere, gefiederte Binnenstruktur leicht vom subkutanen Fettgewebe differenzieren.

     P. Barton, B. Schwaighofer und P. Hübsch

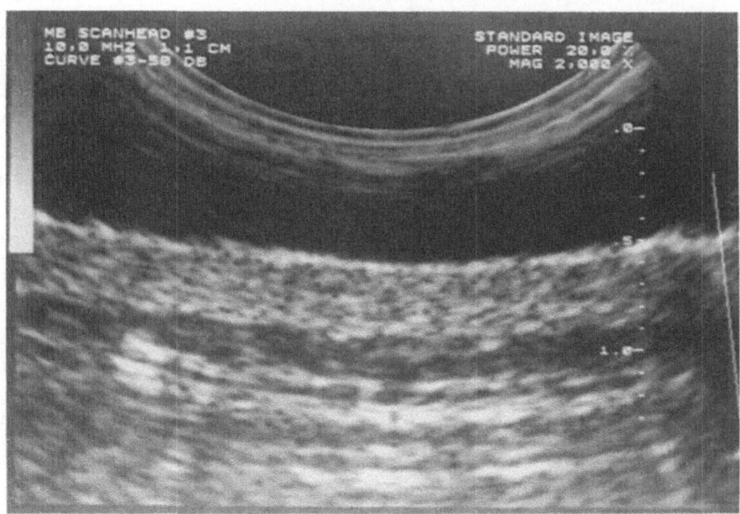

Abb. 1. Normale Haut: Hinter dem schmalen echoreichen Schalleintrittsband kommen Epidermis und Corium als echoreiche Strukturen zur Darstellung. Das subkutane Fettgewebe grenzt sich als schmale echoarme Schicht gut von der darunterliegenden etwas echodichteren Muskulatur ab

Hauttumoren

Benigne Hauttumoren

Bei starker Pigmentierung können benigne Hauttumoren bei der klinischen Abgrenzung gegenüber malignen Melanomen differentialdiagnostische Schwierigkeiten bereiten.

Noduläre Formen benigner Hauttumoren zeigen sonographisch jedoch immer eine deutlich echoreiche Binnenstruktur und sind zumeist scharf von den daruntergelegenen Hautschichten abgesetzt. Diese typische Sonomorphologie erlaubt eine gute Abgrenzung von den echoarmen bis echofrei strukturierten, infiltrierend wachsenden Melanomen (Abb. 2).

Eine sonographische Differenzierung der verschiedenen benignen Tumoren ist jedoch aufgrund des gleichen sonographischen Erscheinungsbildes nicht möglich [9].

Benigne Hauttumoren können aber auch nur ganz *oberflächlich* gelegen sein, ohne die Hautoberfläche wesentlich zu überragen. Sonographisch kommen sie in solchen Fällen lediglich als schmales echoreiches Band zur Darstellung und sind dann mittels Ultraschall von oberflächlich gelegenen malignen Hauttumoren, wie dem Superficial spreading melanoma, nicht zu differenzieren (Abb. 3).

Eine sonographische Differenzierung ist nur möglich, wenn ein nodulärer Anteil nachweisbar ist: ein echoreicher nodulärer Anteil ist typisch für benigne

Hauttumoren, während der noduläre Anteil oberflächlich wachsender maligner Melanome eine echoarme bis echofreie Binnenstruktur zeigt.

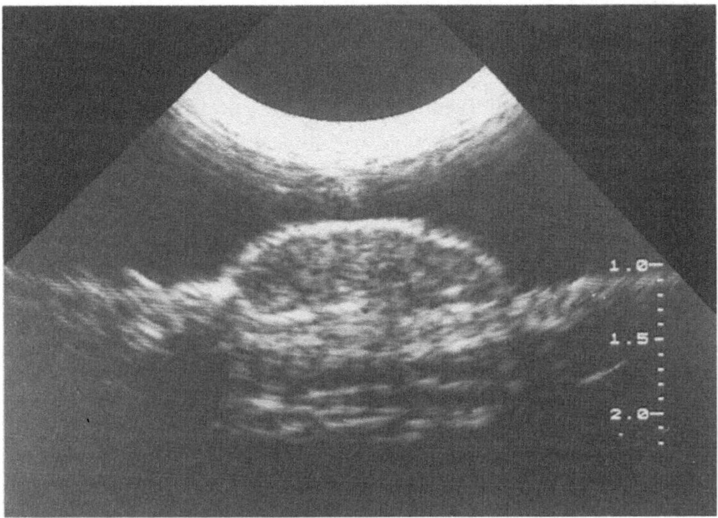

Abb. 2. Seborrhoische Warze: Dieser noduläre benigne Hauttumor zeigt eine echoreiche Binnenstruktur und sitzt den daruntergelegenen Hautschichten auf, von denen er gut abgegrenzt ist

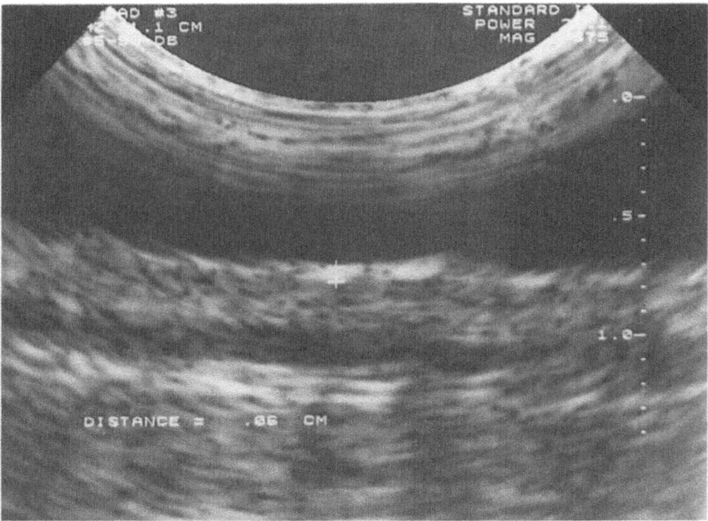

Abb. 3. Pigmentierter oberflächlicher Hauttumor: Sonographisch ist lediglich ein schmales ganz oberflächliches echoreiches Band darstellbar; eine Differenzierung dieses Naevuszellnaevus von einem Superficial spreading melanoma ist sonomorphologisch nicht möglich

Maligne Melanome

Das maligne Melanom ist ein außerordentlich bösartiger Tumor mit einer außergewöhnlich raschen Metastasierungstendenz.

Der *maximale vertikale Tumordurchmesser* ist der wichtigste Parameter in Hinblick auf Prognose und Operationsstrategie. Bis zu einer maximalen Tumordicke von 1 mm wird lediglich eine großzügige lokale Resektion, bei einer Eindringtiefe von mehr als 1 mm jedoch zusätzlich eine prophylaktische Dissektion aller zugeordneten regionalen Lymphknoten durchgeführt.

Die Sonographie ist die einzige Methode, mit der bereits präoperativ die Invasionstiefe des malignen Melanoms in vivo nicht-invasiv gemessen werden kann und nimmt daher einen hohen Stellenwert im präoperativen Tumorstaging ein [8, 10, 11].

Noduläres malignes Melanom

Noduläre maligne Melanome (sowohl die pigmentierten als auch die seltenen amelanotischen Formen) zeigen sonographisch stets eine sehr echoarme bis echofreie Struktur und sind meist relativ scharf begrenzt (Abb. 4).

Die prognostisch wichtige Infiltrationstiefe des Tumors bzw. die Tumordicke selbst kann sonographisch leicht bestimmt werden, wobei das an der Tumoroberfläche gelegene echoreiche Schalleintrittsecho nicht mitgemessen werden darf. Eigene Untersuchungen konnten eine hoch signifikante Korrelation zwischen sonographischer und histometrischer Bestimmung der Invasionstiefe maligner Melanome nachweisen [8].

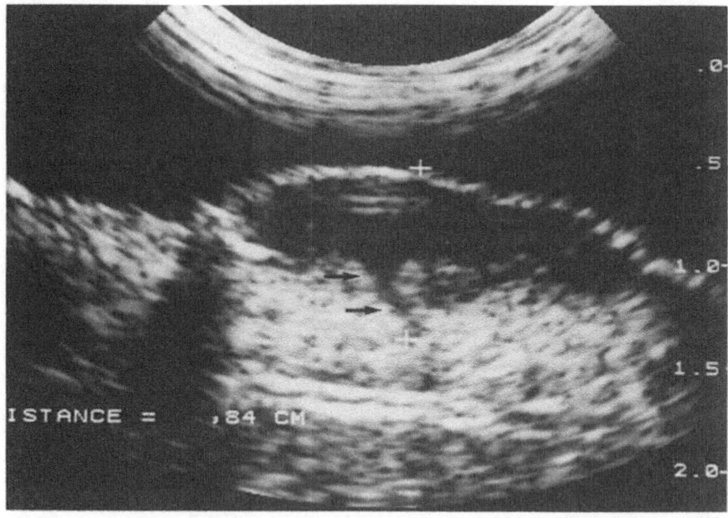

Abb. 4. Noduläres malignes Melanom: Sehr echoarme, relativ scharf abgrenzbare Raumforderung mit in die Tiefe reichendem Tumorzapfen (Pfeile)

Neben dem präoperativen Lokalstaging ermöglicht die hochauflösende Realtime-Sonographie auch die differentialdiagnostische Unterscheidung von malignen Melanomen und anderen pigmentierten, aber benignen Hauttumoren. So kann manchmal die pigmentierte seborrhoische Warze klinisch nur schwer von malignen Melanomen unterschieden werden. Sonographisch zeigt diese jedoch die typische echoreiche Binnenstruktur der benignen Hauttumoren und sitzt zudem charakteristischerweise der Haut auf (Abb. 3).

Oberflächliche Formen

Oberflächlich spreitende Melanome (SSM = Superficial spreading melanoma) und **Lentigo maligna-Melanome** (LMM) sind ganz oberflächlich gelegen und kommen sonographisch lediglich als echoreiches Band zur Darstellung (Abb. 2).

Eine Differenzierung des SSM und LMM von anderen ganz oberflächlich gelegenen Hautläsionen ist daher sonographisch aufgrund dieses unspezifischen echoreichen Schallbandes nicht möglich [8].

Da diese Tumoren die Hautoberfläche kaum oder gar nicht überragen, ist eine sonographische Abgrenzbarkeit, aber auch eine exakte Dickenmessung oft schwierig. Insbesondere können Tumoren mit einer Eindringtiefe bzw. Dicke unter 0,4 – 0,5 mm wegen des zu geringen Impedanzsprunges und der Meßungenauigkeit des Ultraschallrechners nicht ganz exakt vermessen werden. Für die Operationsplanung und den Prognoseindex ist jedoch lediglich wesentlich, ob die Dicke der Raumforderung 1 mm über- oder unterschreitet.

Obwohl ein SSM meist bereits klinisch diagnostiziert werden kann, läßt sich sonographisch doch in einigen Fällen ein nodulärer Tumoranteil, der die Prognose deutlich verschlechtern kann, nachweisen (Abb. 5).

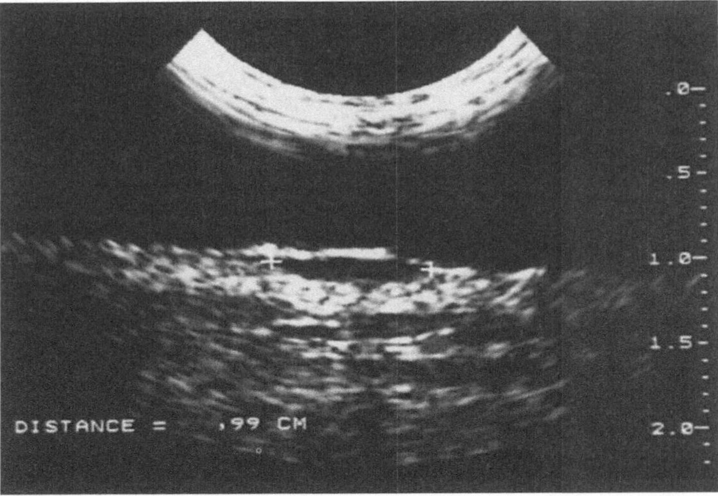

Abb. 5. Superficial spreading melanoma mit nodulärem Anteil: Typisches schmales echoreiches Band oberflächlicher Hauttumoren. Der noduläre echoarme Anteil (Kreuze) war nur sonographisch, nicht aber klinisch nachweisbar

Melanom-Metastasen und -Rezidive

Ein weiterer großer Vorteil der Ultraschalldiagnostik im Tumorstaging maligner Melanome ist der präoperative Nachweis von **Lymphknotenmetastasen**, da die sehr echoarm strukturierten und vergrößerten Lymphknoten sonographisch leicht auffindbar sind. Mikrometastasen sind aber mit der hochauflösenden Realtime-Sonographie ebensowenig faßbar wie mit anderen bildgebenden Verfahren [13].

Hautmetastasen maligner Melanome können sonographisch auch eine gering echoreichere Struktur als der Primärtumor zeigen; Tumorausdehnung und Infiltrationstiefe lassen sich sonographisch aber ebenfalls leicht bestimmen.

Die hohe Wertigkeit des Ultraschalls bei der Suche nach **abdominellen Fernmetastasen** maligner Melanome ist hinlänglich bekannt. Abhängig von Lage bzw. Tiefe der zu untersuchenden Lymphknotenstationen sind 3–7,5 MHz-Schallköpfe zu verwenden.

Postoperativ ist die klinische Differenzierung zwischen **Melanomrezidiv** und **Narbengewebe** nicht immer eindeutig möglich. Sonomorphologisch läßt sich jedoch das typisch echoarme bis echofreie Tumorrezidiv gut vom deutlich echoreichen Narbengewebe unterscheiden (Abb. 6).

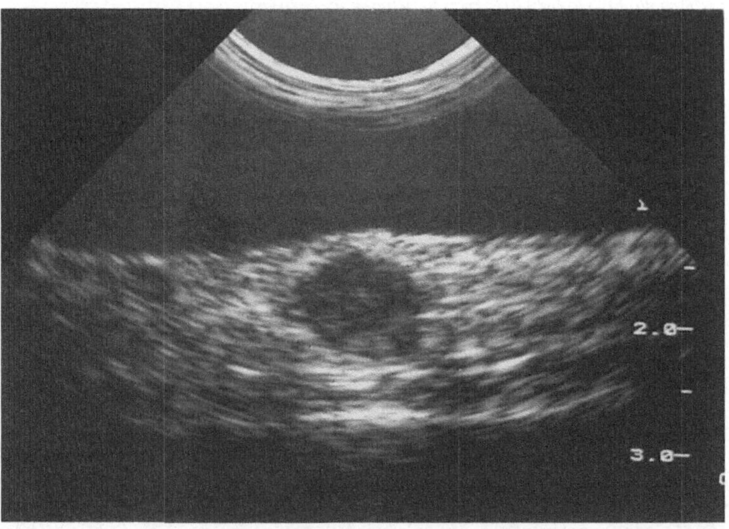

Abb. 6. Melanomrezidiv: Rezidivtumoren sind durch ihre echoarme Binnenstruktur sonographisch leicht von Narbengewebe, das sich deutlich echoreich darstellt, differenzierbar.

Sonstige Hauttumoren

Basaliome und **Plattenepithelkarzinome** können in Einzelfällen so stark pigmentiert sein, daß sie rein klinisch nicht vom malignen Melanom zu differenzieren sind.

Noduläre Formen sind jedoch sonomorphologisch durch ihre echoreiche Binnenstruktur eindeutig vom malignen Melanom, nicht aber von benignen Hauttumoren abgrenzbar.

Ganz oberflächliche Formen dagegen sind sonographisch oft nur schlecht darstellbar und von anderen (benignen oder malignen) oberflächlichen Hauttumoren nicht zu differenzieren.

Wertung

Die hochauflösende Realtime-Sonographie ist zur Zeit die einzige Möglichkeit, nicht-invasiv die Invasionstiefe maligner Hauttumoren exakt zu vermessen und deren Beziehung zu umgebenden Strukturen darzustellen. Ein genaues präoperatives Tumorstaging und eine exakte Operationsplanung sind damit erstmals nicht-invasiv mit Hilfe der Ultraschalldiagnostik möglich geworden [8].

Die sonomorphologisch charakteristische echoarme bis echofreie Struktur des nodulären Melanoms ermöglicht zudem eine einfache differentialdiagnostische Abgrenzung gegenüber suspekten pigmentierten, aber benignen Hauttumoren, da diese durchwegs eine echoreiche Binnenstruktur zeigen [8, 9].

Bei ganz oberflächlich gelegenen pigmentierten Hauttumoren ist zwar eine Dignitätsbestimmung mittels Ultraschall nicht möglich; die sonographisch einfache und exakte Bestimmung der Tumordicke ist jedoch ein wichtiger Parameter für Operationsart und Prognose [8, 9].

Der sonographische Nachweis oder Ausschluß vergrößerter regionaler und abdomineller Lymphknoten sowie parenchymatöser Fernmetastasen ist ein weiterer wichtiger diagnostischer Beitrag zum präoperativen Staging maligner Hauttumoren, insbesondere bei malignen Melanomen [13].

Auch in der Nachsorge nach Melanomoperation kommt der Sonographie vor allem bei der Differenzierung maligner Rezidivtumoren von Narbengewebe ein hoher Stellenwert zu.

Die hochauflösende Realtime-Sonographie als einfaches, nicht-invasives und kostengünstiges diagnostisches Verfahren sollte daher routinemäßig insbesondere im präoperativen Tumorstaging und zur Differenzierung maligner Melanome, aber auch in der Nachsorge nach Melanomoperation eingesetzt werden.

Literatur

1. Alexander H, Miller DL (1979) Determining skin thickness with pulsed ultrasound. J Invest Dermatol 72: 17

2. Rukavina B, Mohar M (1979) An approach of ultrasound diagnostic techniques of the skin and subcutaneous tissue. Dermatologica 158: 81
3. Mivauchi S, Miki Y (1983) Normal human skin echogram. Arch Dermatol Res 275: 345
4. Kraus W, Schramm P, Hoede N (1983) First experiences with a high-resolution ultrasonic scanner in the diagnosis of malignant melanomas. Arch Dermatol Res 275: 235
5. Breitbart EW, Hicks R, Rehpenning W (1986) Möglichkeiten der Ultraschalldiagnostik in der Dermatologie. Z Hautkr 61: 522
6. Fornage BD, Deshayes JL (1986) Ultrasound of normal skin. JCU 14: 619
7. Strasser W, Vanscheidt W, Hagedorn M, et al (1986) B-Scan-Ultraschall in der Dermatologie. Fortschr Med 104: 495
8. Schwaighofer B, Pohl-Markl H, Frühwald F, et al (1987) Der diagnostische Stellenwert des Ultraschalls beim malignen Melanom. Fortschr Röntgenstr 146: 409
9. Schwaighofer B, Pohl-Markl H, Hübsch P, et al (1988) Sonographie benigner Hauttumoren. Fortschr Röntgenstr 148: 66
10. Breitbart EW, Rehpenning W (1983) Möglichkeiten und Grenzen der Ultraschalldiagnostik zur In-vivo-Bestimmung der Invasionstiefe des malignen Melanoms. Z Hautkr 58: 975
11. Shafir R, Itzchak Y, Heyman Z, et al (1984) Preoperative ultrasonic measurements of the thickness of cutaneous malignant melanomas. J Ultrasound Med 3: 205
12. Schwaighofer B, Frühwald F, Seidl G, et al (1985) Sonographie oberflächlicher Regionen mit einem Silikon-Elastomer-Block. Ultraschall 6: 49
13. Kraus W, Nake-Elias A, Schramm P (1986) Hochauflösende Realtime-Sonographie in der Beurteilung regionaler lymphogener Metastasen bei malignen Melanomen. Z Hautkr 61: 9

Bildgebende Diagnostik des Prostatakarzinoms

A. U. Schratter-Sehn

Einleitung

Das Prostatakarzinom ist in Westeuropa der dritthäufigste maligne Tumor des Mannes und das häufigste Neoplasma des männlichen Genitales überhaupt [1]. Die absolute Zahl der diagnostizierten Prostatakarzinome nimmt durch die verbesserte Diagnostik, insbesondere im Rahmen der Früherkennungsuntersuchungen, zu. Bedingt durch die ständige Evolution in der Behandlungsstrategie konnte eine deutliche stadienabhängige Verbesserung der 5-Jahres-Überlebenszeit erzielt werden. Neben prognoseverbessernden neuen Behandlungsmethoden müssen neue bildgebende diagnostische Untersuchungen für die Verbesserung der Früherkennung eingesetzt werden. Eine exakte Stadieneinteilung ist für eine gezielte individuelle, stadienabhängige Therapiewahl unerläßlich [2]. Die Stadieneinteilung des Prostatakarzinoms wird nach dem TNM-System und nach der amerikanischen Klassifizierung nach Murphy & Whitmore [3] durchgeführt.

Als Untersuchung mit direkter Darstellung der Prostata, der Samenbläschen und der Lymphabflußgebiete zum Nachweis und Staging von Karzinomen und Lymphknotenbefall stehen heute die Computertomographie (CT), der Ultraschall (US) und die Kernspintomographie (KST) oder Magnet-Resonanz-Tomographie (MRT) zur Verfügung.

Computertomographie

Die Computertomographie (CT) ist ein Querschnittsverfahren, das im kleinen Becken eine übersichtliche, reproduzierbare Schnittführung in axialer Schichtung untersucherunabhängig anfertigen kann. Aufgrund der exakten Bilder der Querschnittsanatomie mit hoher Auflösung kommt der CT in der Darstellung und der topographischen Zuordnung der Organe eine große Bedeutung zu.

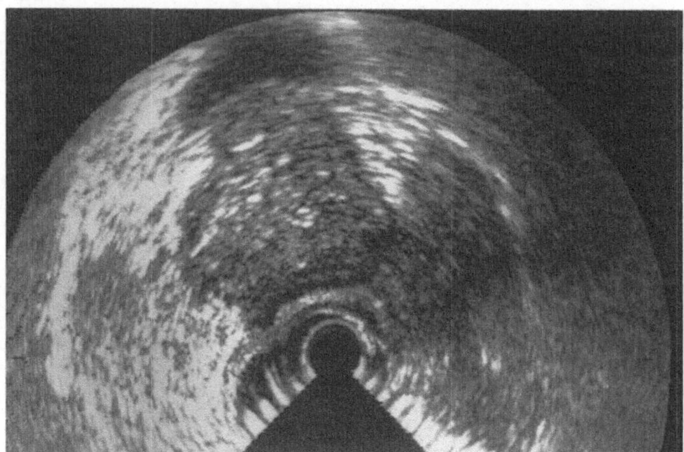

Abb. 1 A. Transrektale Sonographie (TRS): Vergrößerte birnenförmige Prostata mit diffus, teils echoarmer, teils echogleicher Strukturinhomogenität. Im dorsalen rechten Prostatalappen ist die Kapsel durchbrochen. Hier findet sich ein zapfenförmiges Tumorvorwachsen gegen die Rektumwand ohne Infiltration. Die Muscularis propria ist gut abgrenzbar. Histologie: Undifferenziertes Adenokarzinom G3; Tumorstadium T3

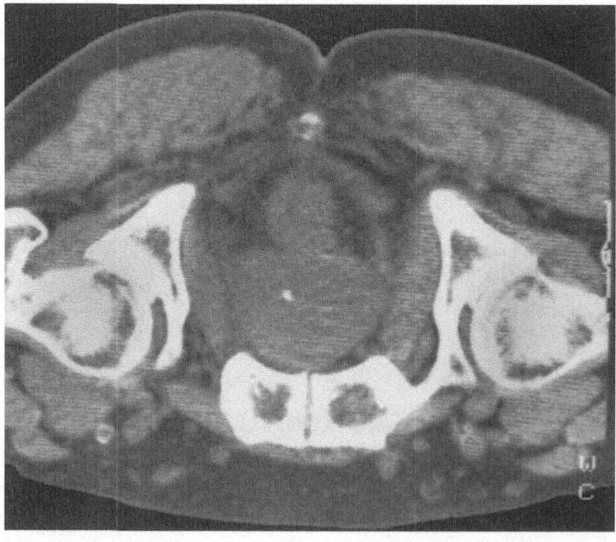

Abb. 1 B. Computertomographie (CT): Zeigt eine gegen das Rektum unregelmäßig begrenzte Prostata; eine Rektuminfiltration ist nicht auszuschließen

Dieser Vorteil wird in der Strahlentherapieplanung genützt [4]. Obwohl die Prostata und die Samenblasen in ihrer Organgröße und Organberandung gut abzugrenzen sind, ermöglicht die CT eine ungenügende Differenzierung der Binnenstruktur dieser Organe (Abb. 1A/B). Somit sind Aussagen über das Prostatakarzinom erst ab einem Stadium T3 oder Stadium C möglich. Die Treffsicherheit der CT beim Staging von Prostatakarzinomen liegt zwischen 50% und 75% [4–7].

Beim Lymphknotenstaging im kleinen Becken ist die Computertomographie die Methode der Wahl, da gerade die Lymphknotenstationen des Prostatakarzinoms (paravesikale Lymphknoten, obturatorische Lymphknoten, Lymphknoten präsakral und iliakal) besser erfaßt werden können als mit dem Ultraschall. Dennoch liegt die Treffsicherheit unter 80% [8]. Bei gering vergrößerten Lymphknoten, die suspekt karzinominfiltriert erscheinen, kann die Computertomographie-gezielte Lymphknotenpunktion durchgeführt werden.

Ultraschall

Bei Prostataerkrankungen sollte sowohl eine transabdominelle als auch eine transrektale Ultraschalluntersuchung durchgeführt werden. Der transabdominell-suprasymphysär durchgeführte Ultraschall dient zur guten Orientierung im Bereich des Beckens und zur Darstellung der Beckenstrukturen sowie zur Erfassung der Lymphabflußgebiete. Auch zur Erkennung von postoperativen Komplikationen nach Lymphadenektomie, wie Blutungen oder Lymphozelen, eignet er sich hervorragend. Ultraschall-gezielte Punktionen von größeren Lymphozelen können durchgeführt werden.

Transrektale Sonographie

Als etablierte Routineuntersuchung hat die transrektale Sonographie (TRS) als eine der sensitivsten Untersuchungsmethoden in der Karzinomerfassung, im Staging und im Rahmen der Nachsorgeuntersuchungen heute einen sehr hohen Stellenwert inne [9–11].

Die TRS ist eine einfach praktikable, für den Patienten nicht belastende, komplikationsfreie Untersuchungstechnik, die keiner besonderen Vorbereitung bedarf und sogar auf eine prall gefüllte Harnblase bei gleich guten und konstanten Untersuchungsbedingungen verzichten kann. Weiters ist die Untersuchungsdauer sehr kurz (etwa 5 bis 10 Minuten Untersuchungszeit). Einen weiteren, nicht unerheblichen Vorteil stellt die kostengünstige Untersuchungsmethode in der Routinekontrolle dar.

Die transrektale Sonographie kann je nach Geräteausstattung entweder mit einem multiplanaren Sektorscanner (Untersuchungsmöglichkeiten in transversaler und longitudinaler Schnittebene) oder einem Linearscanner durchgeführt werden. Im eigenen Krankengut erfolgte die Untersuchung in Linksseitenlage des Patienten mittels eines 5 MHz-Sektorscanner mit transversaler Schnittführung. Der Schallkopf ist von einem mit Flüssigkeit auffüllbaren Latexballon umgeben. Es werden Standardschnitte in Blasenmitte, am Blasenboden, in Höhe der Samenbläschen, im Bereich der Prostatabasis bis zum Prostataapex sowie im Beckenbodenbereich angefertigt. Die Bilddokumentation erfolgt mittels einer Multiformatkamera.

Die transrektale Sonographie ermöglicht:
1. genaue Größen- und Volumsbestimmung der Prostata
2. Bestimmung der Prostataform
3. genaue Strukturanalyse der Prostata
4. bessere Tumorabgrenzung (dies jedoch nur bei echoärmeren oder echoreicheren Tumoren)
5. Beurteilung der Organkapsel
6. Beurteilung der Organinfiltration
7. gute Beurteilung der Samenbläschen
8. sonographische Einteilung des T-Stadiums
9. Therapiekontrolle
10. Nachsorge und Rezidivfrüherkennung
11. Ultraschall-gezielte Punktionen
12. Ultraschall-gezielte transperineale Seed-Implantation

Größen- und Volumsbestimmung der Prostata

Genaue Bestimmungen des transversalen, des sagittalen sowie des kranio-kaudalen Durchmessers sind möglich. Zur genauen Volumsbestimmung, wenn notwendig, kann eine mathematische Methode aus den gewonnenen Flächenwerten mit Hilfe der Sehnen-Trapez-Formel angewandt werden [1].

Bestimmung der Prostataform

Die jugendliche Prostata zeigt sonographisch eine symmetrische, entweder dreieckige, halbmondförmige oder kastanienförmige Konfiguration [12]. Formveränderungen im Rahmen benigner Erkrankungen, wie z. B. der Prostatahyperplasie, zeigen eine kontinuierliche, weitgehend symmetrische, entweder sphärische oder ovaläre Größenzunahme.

Bei kleinen Prostatakarzinomen in den Stadien A bis B1 oder T1 findet sich keine Formveränderung. Bei höheren Stadien, je nach Befallslokalisation, kann es zu einer Seitenlappenasymmetrie oder zu einer Gesamtvergrößerung, vorwiegend im sagittalen Durchmesser, im Sinne einer Birnenform nach Frentzel-Byme [13] (Abb. 1A) oder zu einer Glockenform nach Watanabe [14] kommen.

Strukturanalyse der Prostata

Die Echostruktur der jugendlichen Prostata ist zart und homogen; sie ist allseits von einer durchgehenden, sehr echodichten, etwa 1 mm breiten Kapsel umgeben [12]. Mit zunehmendem Alter läßt sich eine Strukturvergröberung unter Beibehaltung der Homogenität erkennen.

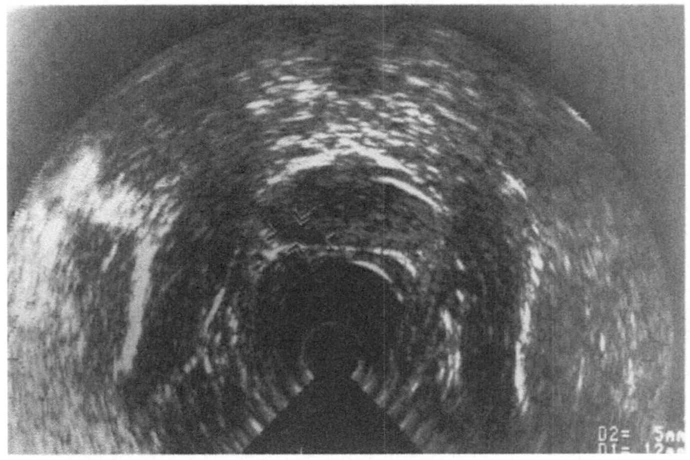

Abb. 2. Transrektale Sonographie (TRS): Normal große, kastanienförmig konfigurierte Prostata mit einer 1 cm großen, echoarmen Läsion im rechten Prostatalappen dorsal in der peripheren Zone. Histologie: Hoch differenziertes Adenokarzinom G1; Kapsel allseits intakt; Tumorstadium T1

Die Strukturanalyse des Prostatakarzinoms durch die TRS ermöglicht eine artefaktfreie Beurteilung des Organs. Die Echogenität des Prostatakarzinoms teilt man je nach Literaturangaben [10, 11, 15, 16] und eigenen Erfahrungen in drei bis vier Echogruppen ein:

a) Minimal echoärmer als die normale Prostatastruktur: etwa 20% aller Karzinome.

b) Deutlich echoärmer als die normale Prostatastruktur: 40–55% aller Karzinome (Abb. 2).

c) Echogleich wie das normale Prostatagewebe: etwa 25% aller Karzinome. In den Stadien A–B1 bzw. T1–T2 ist eine Diagnosestellung sonographisch nicht möglich.

d) Echoreicher als das normale Prostatagewebe: die Arbeitsgruppen um Lee [15] und Dähnert [16] dementieren das Vorkommen echoreicher Prostatakarzinome. Sie sprechen von einer Koexistenz eines Karzinoms in einer sklerotischen Prostatahyperplasie. Auch im eigenen Krankengut lassen sich echoreiche Tumoren in Kombination mit einer Hyperplasie eindeutig nachweisen. Insgesamt dürfte ein Vorkommen von 5–10% vorliegen.

Bessere Tumorabgrenzung

Eine exakte Tumorabgrenzung gelingt nur bei umschriebenen, echoärmeren oder echoreicheren Tumoren. Bei echogleichen Tumoren kann eine Abgrenzung gegenüber der normalen Prostata – insbesondere bei gleichzeitig vorliegender chronischer Prostatitis – nicht gemacht werden [10, 16, 17].

 A. U. Schratter-Sehn

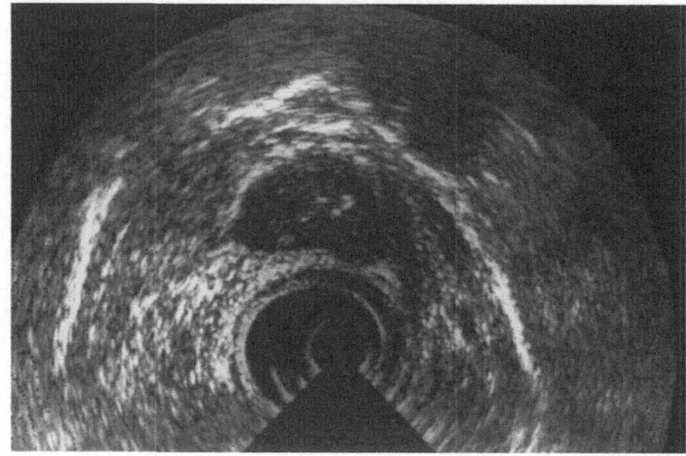

Abb. 3. Transrektale Sonographie (TRS): Mittelgradig differenziertes Prostatakarzinom mit asymmetrischer Verplumpung des linken Prostatalappens, vorwiegend dorso-lateral. Er ist durchsetzt von einem vorwiegend echoarmen Tumor. Die Prostatakapsel ist allseits abgrenzbar, lediglich vorgewölbt, jedoch nicht durchbrochen; Tumorstadium T2

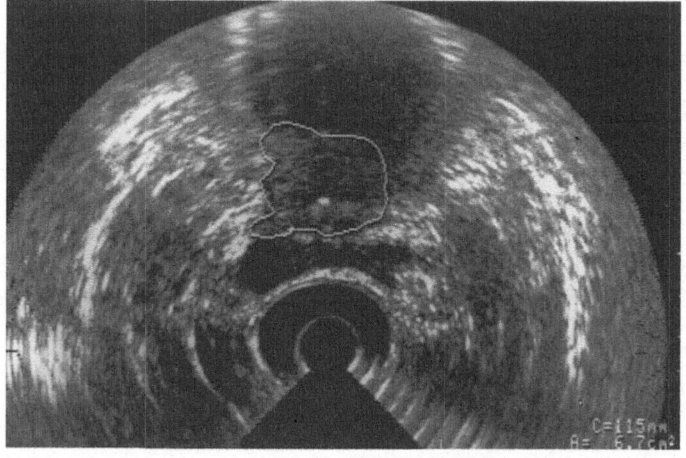

Abb. 4. Transrektale Sonographie (TRS): Undifferenziertes Prostatakarzinom mit breiter Blasenbodeninfiltration, rechts stärker als links. Geringe kolbenförmige Auftreibung des rechten Samenbläschens als Ausdruck einer Stauung; Tumorstadium T4

Beurteilung der Organkapsel

Der Prostatakapselbeurteilung kommt in der Diagnostik des Prostatakarzinoms eine erhebliche Bedeutung zu. Abhängig von diesem Befund wird über das weitere therapeutische Vorgehen bestimmt [2]. Eine Unterbrechung der Kapselkontinuität kann sonographisch nachgewiesen oder ausgeschlossen werden (Abb. 1A, Abb. 3).

Beurteilung der Organinfiltration

Der Nachweis oder Ausschluß und die Quantifizierung der Tumorinfiltration in die Blase, das Rektum und die Beckenmuskulatur können mittels der Transrektalsonographie erbracht werden (Abb. 1A/B, Abb. 4).

Beurteilung der Samenbläschen

Die normalen Samenbläschen sind sichelförmige oder keulenförmige, teils geschlungene, echoarme, symmetrische Gebilde [12]. Pathologische Veränderungen im Rahmen des Karzinoms können im Sinne von Samenbläschenstauungen (Abb. 4) oder Tumorinfiltrationen vorliegen.

Sonographische Einteilung des T-Stadiums

Eine korrekte Stadieneinteilung ist erst ab dem Stadium T2 oder B2 möglich; in Einzelfällen können A1-Karzinome, vor allem wenn sie echoarm sind, detektiert, jedoch nicht als Karzinome verifiziert werden. Diese Tumoren sind einer histologischen Abklärung zuzuführen [9, 15]. Bei histologisch bereits gesicherten Karzinomen ist für das weitere Behandlungsvorgehen eine bildgebende Stadieneinteilung zwingend. Die TRS bietet sich als rasch verfügbare sensitive Methode an (Abb. 1–4).

Therapiekontrolle

Der Therapieerfolg beim Prostatakarzinom ist abhängig vom Stadium, von der Histologie und da vor allem von der Differenzierung des Tumors (Grading). Undifferenzierte Karzinome zeigen eine höhere Radiosensitivität; differenzierte Karzinome zeigen ein gutes Ansprechen auf die Hormontherapie [17].

Beurteilungskriterien des Therapieeffektes sind:
1. Größenabnahme
2. Formnormalisierung
3. Wiedererlangung der regelmäßigen Begrenzung
4. Bessere Abgrenzbarkeit
5. Strukturzunahme bzw. Abnahme je nach Karzinomstruktur vor der Therapie
6. Verkalkungen im ehemaligen Tumorbereich

Nachsorge und Rezidivfrüherkennung

Sowohl nach Prostatektomie als auch nach Strahlentherapie sollte die TRS als Therapiekontrolle eingesetzt werden. Durch die erwähnten Behandlungsvorge-

   A. U. Schratter-Sehn

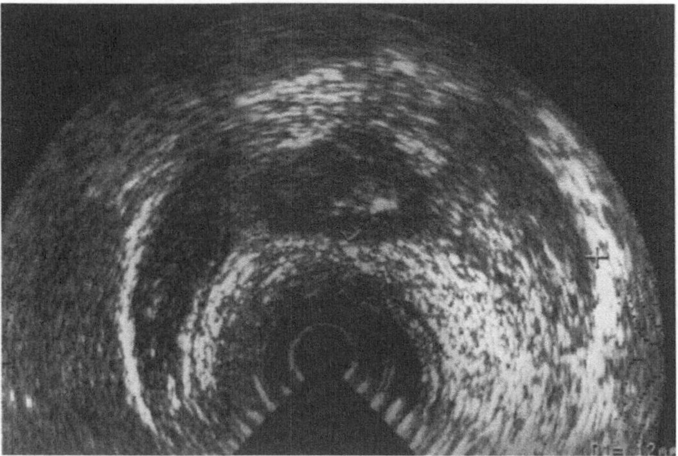

Abb. 5. Transrektale Sonographie (TRS): Normal große, glatt begrenzte, homogen strukturierte Prostata nach kombiniert extern und interstitiell bestrahltem Prostatakarzinom. Deutliche Verbreiterung des perirektalen Bindegewebes; dies mißt 1,5 cm, während es im Normalfall bis 5 mm breit ist

hen kann es zu einer deutlichen Zunahme und Fibrosierung des Becken-Bindegewebes kommen, wodurch die Beurteilung einer digital palpatorischen Untersuchung hinsichtlich Konsistenz und Begrenzung erschwert möglich ist (Abb. 5). Oft kann man geringe Struktur- oder Formänderungen mit der transrektalen Sonographie früher erfassen. Durch frühere Vergleichsbilder vorangegangener Untersuchungen kann eine objektivierbare, bildlich dokumentierte Verlaufskontrolle erfolgen [9].

Ultraschall-gezielte Punktionen

Ultraschall-gezielte Punktionen werden meist mit Hilfe eines Stativs über den perinealen Zugangsweg durchgeführt. Diese Diagnosehilfe muß vor allem bei kleinen, nicht unbedingt als Karzinom verdächtigen, nicht palpablen Herden herangezogen werden [9, 15]. Die sonographisch faßbaren Strukturunterschiede sind nicht pathognomonisch für einen malignen Prozeß. Die Treffsicherheit der TRS zur Diagnostizierung eines Malignoms bei einer kleinen peripheren Läsion liegt je nach Patientenselektion zwischen 25–60% [15].

Ultraschall-gezielte transperineale Seed-Implantation

Bei der Iridium- oder Jod-Seed-Implantationsbehandlung werden in Allgemeinnarkose oder Spinalanästhesie und in Steinschnittlage des Patienten Metallhohlkanülen in die Prostata eingebracht. Unter Ultraschallführung können die Hohlkanülen unter Sichtkontrolle über den transperinealen Zugangsweg mit großer Genauigkeit plaziert und die Lage mittels Computertomographie verifiziert werden. Diese Hohlkanülen werden dann mit radioaktiven Materialien zur interstitiellen Bestrahlung des Prostatakarzinoms beschickt [18].

Kernspintomographie oder Magnet-Resonanz-Tomographie

Hinsichtlich des Magnet-Resonanz (MR)-Staging des Prostatakarzinoms im Vergleich zur transrektalen Sonographie gibt es unterschiedliche Literaturangaben, welche teils der Magnet-Resonanz-Tomographie (MRT), teils der Endosonographie die größere Treffsicherheit zuordnen [19, 20]. Generell kann dazu gesagt werden, daß die vergleichende Wertigkeit der beiden Methoden bei dieser Fragestellung entscheidend von den technischen Rahmenbedingungen bei der MRT und von der Untersuchungserfahrung bei der Endosonographie abhängt. So liefern neuere, etwa von Hricak et al [6] verwendete, transrektal applizierbare Spulen eine hervorragende Auflösung und erlauben eine mindestens so hohe Treffsicherheit im Prostata-Staging wie die transrektale Endosonographie. Voraussetzung für eine MR-tomographische Abgrenzung auch kleinerer Prostatakarzinome sind neben optimalen technischen Rahmenbedingungen T2-gewichtete Bilder, auf denen die meist peripher lokalisierten Karzinome hypointens gegenüber der sehr signalreichen peripheren Zone erscheinen und dadurch gut zu diesen kontrastieren [20, 21].

Literatur

1. Reindl P (1984) Technik der transrektalen Sonographie. In: Reindl P (Hrsg) Die transrektale transversale Sonographie der Prostata. Springer, Berlin Heidelberg New York Tokyo, S 6
2. Walsh PC, Lepor H (1987) The role of radical prostatectomy in the management of prostatic cancer. Cancer 60: 526
3. Murphy GP, Whitmore WF Jr (1979) A report of the workshop on the current status of the histologic grading of the prostate cancer. Cancer 44: 1490
4. Dobbs HJ, Husband JE (1985) The role of CT in the staging and radiotherapy planning of prostatic tumours. Br J Radiol 58: 429
5. Demas BE (1988) Computed tomography of the prostate gland. Semin US, CT, MR 9: 339
6. Hricak H, Dooms GC, Jeffrey RB, et al (1987) Prostatic carcinoma: staging by clinical assessment, CT and MR imaging. Radiology 162: 331
7. Platt JF, Bree RL, Schwab RE (1987) The accuracy of CT in the staging of prostatic carcinoma. AJR 149: 315
8. Emory TH, Reinke DB, Hill AL, et al (1983) Use of CT to reduce understaging in prostatic cancer: comparison with conventional staging techniques. AJR 141: 351
9. Mulholland SG (1988) The impact of radiology on the management of prostatic disease: a clinican's perspective. Semin US, CT, MR 9: 335
10. Rifkin MD (1988) Prostate ultrasound. Semin US, CT, MR 9: 352
11. Rifkin MD, Frielan GW, Shortliffe DL (1986) Prostatic evaluation by transrectal endosonography: detection of carcinoma. Radiology 158: 85
12. Fornage BD (1986) Normal US anatomy of the prostate. Ultrasound Med Biol 12: 1011

13. Frentzel-Beyme B, Schwarz J, Aurich B (1982) Das Bild des Prostataadenoms und -karzinoms bei der transrektalen Sonographie. Fortschr Röntgenstr 137: 261
14. Watanabe H (1981) Prostatic cancer. In: Watanabe H, Holmes JH, Holm HH, et al (eds) Diagnostic ultrasound in urology and nephrology. Igaku-Shoin, Tokyo New York, p 130
15. Lee F, Gray JM, McLeary RO, et al (1986) Prostatic evaluation by transrectal sonography: criteria for diagnosis of early carcinoma. Radiology 158: 91
16. Dähnert WF, Hamper UM, Eggleston JC, et al (1986) Prostatic evaluation by transrectal sonography with histopathologic correlation: the echopenic appearance of early carcinoma. Radiology 158: 97
17. Resnick MI, Willard JW, Byoce WH (1988) Transrectal ultrasonography in the evaluation of patients with prostatic carcinoma. J Urol 140: 482
18. Schmid AP, Salomonowitz E, Schratter-Sehn AU, et al (1986) New ultrasonically-guided 192 Iridium afterloading technique for radiotherapy of prostatic cancer. Semin Intervent Radiol 3: 295
19. Bockisch A, Jäger N, Biersack HJ, et al (1988) Magnetic resonance (MR) imaging of prostatic tumours: a comparison with X-ray CT and transrectal sonography (TRS). Eur J Radiol 8: 54
20. Chang Y, Hricak H (1988) Magnetic resonance imaging of the prostate gland. Semin US, CT, MR 9: 343
21. Bezzi M, Kressel HY, Allen KS, et al (1988) Prostatic carcinoma: staging with MR imaging at 1.5 T^1. Radiology 169: 339

Radiologische Diagnostik des Mammakarzinoms

E. Salomonowitz

Einleitung

Bis 1985 war in fast allen Ländern das Mammakarzinom die häufigste Krebsform bei Frauen und wird nun vom Bronchuskarzinom eingeholt. Weltweit erkranken jährlich rund eine halbe Million Frauen an Brustkrebs, wobei fast 300.000 daran sterben [1].

Zeitliche Vergleiche von Morbidität und Mortalität lassen einen deutlichen Anstieg der Mammakarzinominzidenz in den letzten 30 Jahren erkennen. Dieses Faktum betont die Rolle des Radiologen für die rechtzeitige Erkennung, insbesonders auch unter dem Aspekt, daß bislang lediglich bildgebende Verfahren imstande sind, anhand direkter und indirekter Tumorzeichen bzw. Malignitätshinweise das Mammakarzinom darzustellen. Laborchemische Methoden und klinische Untersuchung weisen eine hohe Rate falsch negativer und falsch positiver Befunde auf [2–4].

Der Brustkrebs hat eine multifaktorelle Ätiologie, wobei genetische, physiologische und externe Faktoren wirksam werden, deren Zusammenhänge und Abhängigkeit weitgehend ungeklärt sind. Bei Vorliegen einer familiären Disposition nimmt man eine 3- bis 9fache Risikoerhöhung an. Hier handelt es sich um eine Karzinomerkrankung von Mutter oder Schwester. Beim Vorliegen anderer Karzinome, insbesondere der anderen Brust (3- bis 7fach), liegt ein erhöhtes Risiko von 1- bis 4fach vor. Hierzu gehören auch Karzinome des Uterus, des Ovars und des Dickdarms. Hormonelle Faktoren werden diskutiert; logischerweise ist bei Verlängerung der „hormonell aktiven Phase" ein erhöhtes Risiko anzunehmen (bis 2fach). Nach Kontrazeptiva konnte mehrfach kein erhöhtes Risiko nachgewiesen werden [5]. Ionisierende Strahlung bewirkt eine Steigerung der Mammakarzinomrate, doch die Wirkung kleiner Dosen ist bislang nicht bewiesen und nur errechenbar. Eine Mastopathie stellt keine (!) Risikoerhöhung dar. Trotz zahlreicher gegenteiliger Meinungen in der Literatur ist nicht bewiesen, daß die „Mastopathie" mit einer erhöhten Rate an Krebserkrankungen einhergeht. Für den Radiologen ist aber wichtig, daß bei Vorliegen einer Mastopathie mit dem resultierenden „unruhigen Bild" ein Karzinom maskiert sein kann [6].

Größe des Primärtumors, etwaige Multiplizität und Stadien sind wesentliche Faktoren, die die Überlebenszeit beeinflussen und die radiologisch faßbar sind. Leider ist das Mammakarzinom häufig nach seinem Entstehen eine systemische Erkrankung mit metastatischer Aussaat bereits in einem frühen Stadium. Die meisten klinisch diagnostizierbaren Karzinome sind in einem späten, unheilbaren Stadium. Um eine wirkliche Heilung zu erreichen, muß bei der Diagnose das Tumorstadium so früh sein, daß keine Metastasierung erfolgt ist bzw. daß eine Mikrometastasierung beherrscht werden kann.

Mittels Mammographie können die meisten Karzinome lange vor einer klinischen Entdeckung diagnostiziert werden und in einem hohen Prozentsatz auch die Bedingungen für eine günstige Prognose erfüllen [7].

Mammographie

Die Mammographie ist das einzige Abbildungsverfahren, mit dem ein Brustkrebs erkennbar ist, der noch keinerlei klinische Symptome aufweist. Nach jahrzehntelanger weltweiter Anwendung weiß man, daß sich mittels ärztlicher Untersuchung und Mammographie in Kombination 86–92% aller Brustkarzinome aufdecken lassen. Weiters kann mittels Mammographie häufig die Unterscheidung zwischen gutartiger und bösartiger Veränderung erfolgen. Gelingt die Unterscheidung nicht, ist die Mammographie der zentrale Ausgangsbefund für nachfolgende Untersuchungen:
1. Ultraschall
2. Gezielte Gewebsentnahme
3. Präoperative gezielte Lokalisation zur Probeexzision
4. Duktographie bei Verdacht auf intraduktale Neoplasie

Die moderne radiologische Mammographie-Sprechstunde impliziert die ärztliche Untersuchung, die Mammographie, den Ultraschall zur Differenzierung von zystischem und solidem Tumor bzw. zur Untersuchung von Supraklavikularregion und Axilla und eventuell weiterführende Untersuchungen bei fraglichen Fernmetastasen (Skelettsystem, Leber, Lunge, Gehirn, kontralaterale Brust) [8, 9].

Die Größe eines Karzinoms, die mammographisch erkennbar ist, nennt man *Schwellengröße*. Das Intervall vom Erreichen der Schwellengröße bis zum Zeitpunkt der Dissemination ist jene kritische Zeit, in der ein Karzinom entdeckt werden muß. Die mittlere Zeit für diese effektive Brustkrebsdiagnostik liegt bei 2,1 Jahren. Individuell ist die Zeitspanne natürlich abhängig von der Schwellengröße, der Endgröße, bei der das Karzinom zu metastasieren beginnt, und der Verdoppelungszeit des Karzinoms.

Bei einer normal praktizierten Mammadiagnostik wird man nur einen kleinen Teil der Frühkarzinome aufdecken, weil fast immer nur eine Abklärung aufgrund klinischer Symptome erfolgt. Deshalb sollte ein Screening asymptomatischer Frauen erfolgen, um einen entscheidenden Anteil kleiner Karzinome zu erfassen. Hier muß betont werden, daß die 5-Jahres-Überlebenszeit für ein lokalisiertes Mammakarzinom 85% beträgt und für ein Mammakarzinom mit regionären Lymphknotenmetastasen nur mehr knapp 50%.

Der einzige Risikofaktor der Mammographie besteht in einer potentiellen Karzinominduktion durch die Röntgenstrahlen, wird aber durch den Nutzen der neu aufgedeckten Karzinome, wie ausgedehnte Screening-Programme zeigen, bei weitem übertroffen. Laut Versicherungsstatistiken läßt sich das Risiko einer Mammographie vergleichen mit dem Risiko, ein Achtel einer Zigarette zu rauchen, 112 km mit dem Flugzeug zu fliegen, 16 km mit dem Auto zu fahren oder 3 Minuten als 60jährige zu existieren [10].

Aufgrund dieses zu vernachlässigenden Risikofaktors wird heute die Mammographie in Verbindung mit einer ärztlichen Untersuchung zur Vorsorge nach dem 30. Lebensjahr als Basis-Untersuchung und ab dem 40. Lebensjahr – je nach Befund – in ein- bis zweijährigen Abständen empfohlen. Selbstverständlich ist die Mammographie bei jeglichen auffälligen Symptomen unmittelbar indiziert, wie beispielsweise neu aufgetretene Sensationen, tastbare Knoten, einseitige Veränderungen der Haut oder Brustwarze, mißfärbige oder blutige Flüssigkeitsabsonderung aus der Brustwarze, etc. [11].

Es muß hier aber betont werden, daß die Mammographie in bis zu 14% (lt. einer amerikanischen Statistik über 10.000 Untersuchungen) ein Frühkarzinom nicht darstellen wird. Lediglich mittels Selbstuntersuchung, klinischer Untersuchung und Mammographie in Kombination ist eine Diagnostik in bis zu 95% möglich. Die Mammographie ist weiters die sicherste Methode, Mikrokalzifika-

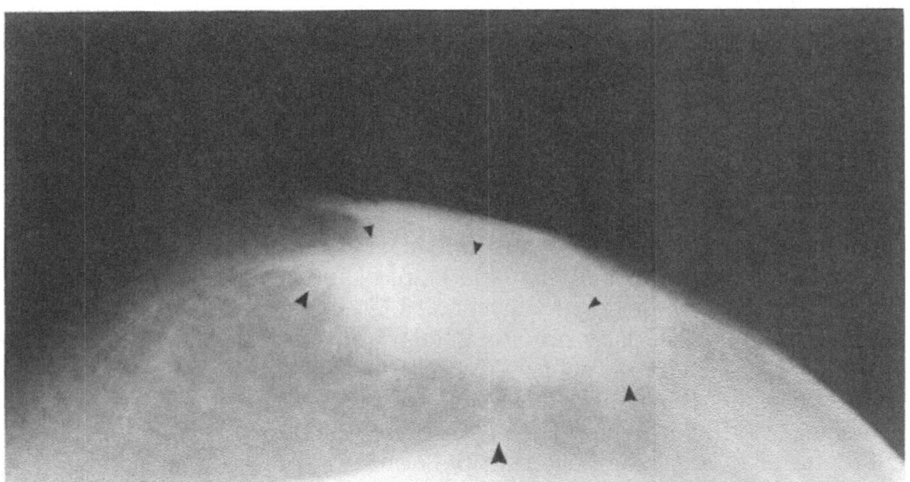

Abb. 1. Kranio-kaudales Bild bei Mammakarzinom: Der Tumorkernschatten ist gegen das umgebende Ödem schlecht abgrenzbar (kleine Pfeile). Seitlich weist der Tumor eine desmoplastische Reaktion, eine Retraktion fibröser Strukturen und Gangelemente (mittelgroße Pfeile) auf. Zu beachten sind die Auszipfelung der präpektoralen Weichteile im „Niemandsland" des retromammären Fettkörpers (großer Pfeil) sowie die Hautverdickung als Reaktion auf das peritumorale Ödem

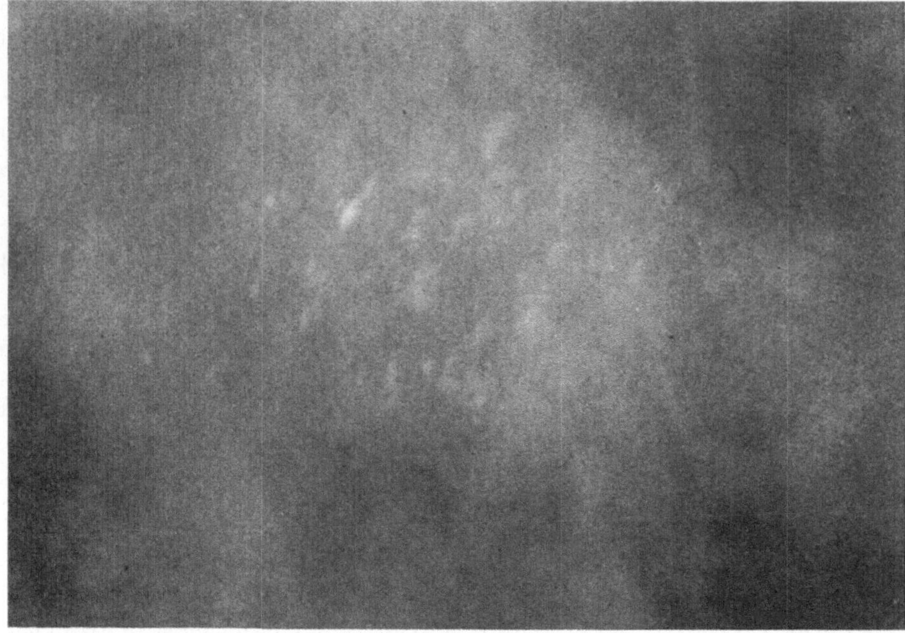

Abb. 2. Vergrößerungs-Spotaufnahme bei Mammakarzinom mit Darstellung von Mikrokalzifikationen: Diese finden sich bei ca. 40% maligner Tumoren und sind zum Teil auf intraduktale Verkalkungen und zum Teil auf Parenchymverkalkungen zurück-zuführen, die sich innerhalb der desmoplastischen Reaktion bilden. Mikrokalzifika-tionen sind unregelmäßig groß, verschieden dicht und dürfen mit typisch benignen Verkalkungen nicht verwechselt werden (Grauzone etwa 10%)

tionen und Verdichtungen unter 1 cm zur Darstellung zu bringen. Die Sensitivität schwankt zwischen 80% und 96%, während die Spezifität zwischen 95% und 99% liegt [12] (Abb. 1, 2).

Die meisten Screeninguntersuchungen erfolgen mittels 2-Ebenen-Mam-mographie; hierbei wird zumeist eine kranio-kaudale und eine schräge Auf-nahme durchgeführt. Bei allen fraglichen Fällen ist die 3-Ebenen-Mammogra-phie mittels kranio-kaudaler, medio-lateraler und schräger Aufnahme zu emp-fehlen. Die Untersuchungstechnik der „axillären" Aufnahme ist weniger wichtig. Axilläre Lymphknoten sind mittels Mammographie schlecht untersuchbar. Nur bei Vorliegen erheblich vergrößerter Lymphknoten und vor allem vergrößerter und zentral nicht Fett-aufgehellter Lymphknoten (die meist auf der schrägen Pro-jektion erkennbar sind) sollte eine ergänzende Aufnahme mit Zielregion Axilla erfolgen. Die Untersuchung mit einer einzigen Schrägaufnahme ist für den klini-schen Bedarf ungenügend. In der Literatur [13] wird eine Verminderung der Sen-sitivität bis zu 11% angegeben.

Der Nachteil der Mammographie ist einzig die Strahlenbelastung und die dadurch mögliche theoretische Karzinominduktion. Bei Verwendung von Film-Folien-Kombinationen und moderner Apparatetechnik liegt heute die mittlere

Parenchymdosis zwischen 0,1 und 0,3 Rad (1–3 mGray). Die dadurch theoretisch induzierten Karzinome (2 Karzinome über 35 Jahre pro 1 Million mammographierter Frauen pro Jahr) stehen in keiner Relation zur natürlichen Inzidenz bzw. zur Rate aufdeckbarer Karzinome (800 pro Jahr in der berechneten Altersgruppe).

Andere Untersuchungsverfahren

Beim heutigen Stand der Technik ist die Mammographie durch kein anderes Verfahren ersetzbar und wird auch für die weitere Zukunft das einzige Verfahren bleiben, welches eine Frühdiagnose des Brustkrebses ermöglicht. Die Thermographie hat die in sie gesetzten Hoffnungen in keiner Weise erfüllt, und auch die Ultraschalluntersuchung ist lediglich ein Zusatzverfahren und als primäre Screeningtechnik ungeeignet. Aufwendige Abbildungsverfahren, wie Computertomographie und magnetische Kernspinresonanz, können die Mammographie ebenfalls nicht ersetzen und kommen lediglich zur Darstellung ausgedehnter Tumoren oder zur Suche von Fernmetastasen zum Einsatz.

Die alternativen und ergänzenden (Ultraschall) bildgebenden Verfahren haben sich in klinischen Prüfungen nicht geeignet erwiesen, da sie geringere Sensitivität und Spezifität aufweisen als die Mammographie; allerdings bringen sie bei Abklärung einer Läsion zusätzliche Information. Hierbei ist vorwiegend die Sonographie zu nennen.

Sonographie

Die Sonographie vermag zystische und solide Läsionen zu differenzieren und ist oft hilfreich bei Punktionen und postoperativen Kontrollen von zystoiden Veränderungen. Für die Diagnose kleiner Karzinome ist die Sonographie nicht geeignet [14–16].

Diaphanoskopie

Die Diaphanoskopie (eine Licht-Durchleuchtungstechnik mit Computerauswertung des reflektierten und transmittierten Lichtes) ist lediglich als experimentelle Untersuchungstechnik zu werten.

Thermographische Techniken

Thermographische Techniken (Tele- und Kontaktthermographie) erbringen bei Vorliegen eines Karzinoms, welches weniger als 2 cm tief liegt, eine mögliche Seitendifferenz. Ab einer Tiefe von 2 cm ist die Thermographie zur Karzinomdiagnostik nicht geeignet, da sie nur etwaige indirekte Zeichen, wie Gefäßmusterveränderungen, nachweisen kann und ihre Sensitivität um 50% liegt.

Computertomographie

Die Computertomographie vermag eine bekannte Läsion genau zu lokalisieren und ein Staging festzulegen; sie ist aber für die Diagnostik präklinischer und kleiner Karzinome ungeeignet. Auch Strahlenbelastung und Zeitaufwand sind für diesen Zweck nicht gerechtfertigt. Bei Vorliegen eines ausgedehnten Karzinoms ist die Computertomographie häufig empfehlenswert, um Brustveränderungen nachzuweisen.

Magnetic-Resonance-Imaging

Das MRI (Magnetic-Resonance-Imaging) ist imstande, morphologisch zwischen soliden und flüssigen Läsionen zu unterscheiden, aber für kleine Karzinome ist auch hier die Auflösung noch zu schlecht [17].

Für die nächste Zukunft dürfte der Fortschritt in der digitalen Radiographie unter Verwendung der Mammographietechnik liegen, wobei eine hochgradige Eliminierung von Streustrahlung eine hochauflösende Bildgebung ermöglicht und die Strahlendosis noch deutlich unter der heute üblichen mittleren Parenchymdosis liegen wird.

Diagnostisch-therapeutische Maßnahmen

Die Rolle des Radiologen liegt aber nicht nur in der Diagnose oder Vermutungsdiagnose eines Mammakarzinoms, sondern in der weiteren Abklärung durch Punktionszytologie. Die **Feinnadelpunktion** wird mittels einer 22G-Nadel durchgeführt (Außendurchmesser: 0,8 mm). Hierbei ist die Verletzung von Gewebe nicht zu befürchten. Mit dieser Nadel werden radiologisch auch Hohlorgane gefahrlos perforiert und aus parenchymatösen Organen Gewebsproben entnommen. Die Punktionszytologie wird durch Aspiration gewonnen; sie erfolgt bei palpablen Läsionen frei, bei okkulten und kleinen Läsionen mittels Zielvorrichtung (stereotaktische Punktion) (Abb. 3–6).
Die „negative" Zytologie ist nicht aussagekräftig und muß in jedem Fall mit Klinik und mammographischem Befund in Übereinstimmung gebracht werden. Insgesamt ermöglicht die zytologische Abklärung die Diagnose des Mammakarzinoms in einem sehr frühen Stadium und vermeidet Verzögerungen bei der Diagnosestellung durch Absicherung der radiologischen und klinischen Befunde [18, 19].
Andere Aufgaben des interventionellen Radiologen liegen in der Erstellung einer **Duktographie** bei Vorliegen einer isolierten unilateralen Sekretion. Die Duktographie (Galaktographie) wird durch Sondierung des sezernierenden Ganges und Instillation von wasserlöslichem Kontrastmittel durchgeführt und hat das Ziel, intraduktale Veränderungen nachzuweisen. Hierbei handelt es sich zumeist um Papillome. Bei Vorliegen einer Papillomatose (multiple Papillome) soll das Karzinomrisiko nicht erhöht sein; ein solitäres Papillom ist jedoch in 10% ein intraduktales Karzinom. Vor jeder Duktographie und nachher (unter Exprimierung des Kontrastmittels, wodurch in Art einer Lavage Zellverbände herausgeschwemmt werden) erfolgt der zytologische Abstrich. Das Präparat wird luftgetrocknet und standardmäßig gefärbt. Bei Vorliegen einer blutigen Sekretion ist

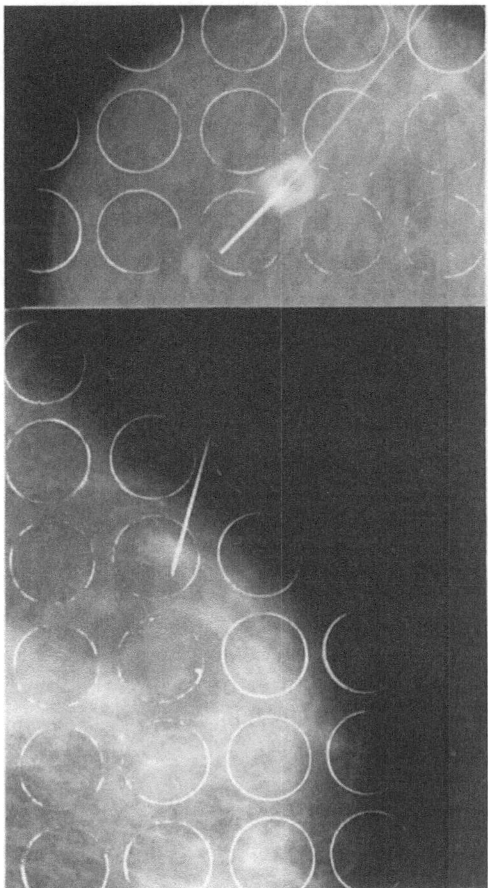

Abb. 3. Gezielte Feinnadelpunktion einer asymmetrisch zur Gegenseite vorliegenden nicht tastbaren Läsion im medialen-kranialen Aspekt der linken Mamma: Im vorliegenden Fall wurde eine 2-Ebenen-Lokalisation vorgenommen und der Zielort mittels Raster eingeblendet. Duktales Karzinom

in 80% ein intraduktales Gewächs zu erwarten, bei gelblicher oder grünlicher Sekretion ist die Inzidenz des Papilloms erheblich niedriger.

Bei Vorliegen einer sonographisch nicht eindeutig blanden oder klinisch störenden Zyste in der Mamma wird eine **Pneumozystographie** durchgeführt. Hier wird die Zyste punktiert, ein Teil der Flüssigkeit abgesaugt und durch Luft ersetzt. Ziel der mammographischen Untersuchung ist der Nachweis einer glatten Berandung der Zyste. In lediglich 0,4% ist ein intrazystisches Karzinom zu erwarten. Deshalb soll die abpunktierte Flüssigkeit mittels Zyto-Zentrifuge weiter verarbeitet und entsprechend zytologisch untersucht werden. Die Pneumozystographie ist aber auch eine therapeutische Maßnahme: 50% der luftgefüllten Zysten obliterieren nach einer einmaligen Intervention.

Nach Nachweis einer verdächtigen Läsion liegt eine weitere Aufgabe des Radiologen in der **präoperativen Lokalisation**. Diese erfolgt wiederum mittels

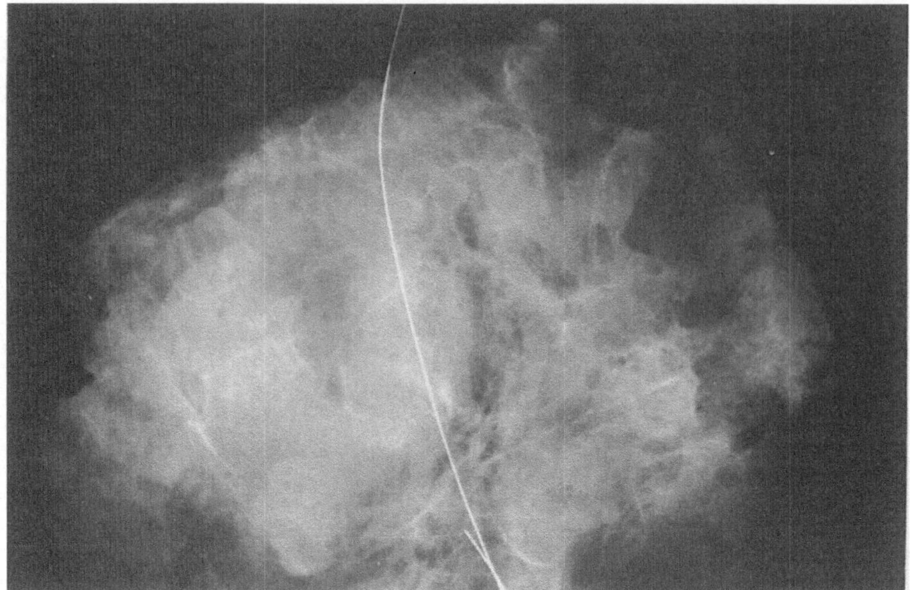

Abb. 4. Präparatradiogramm eines Karzinoms: Der Markierungsdraht ist präoperativ durch eine Punktionsnadel vom Radiologen eingeführt worden, an dem sich der Operateur orientiert. Der Tumor ist im Präparat aufgeschnitten. Dieses intraduktale Karzinom ist lediglich durch eine streifenförmige fibröse Reaktion zu erkennen gewesen

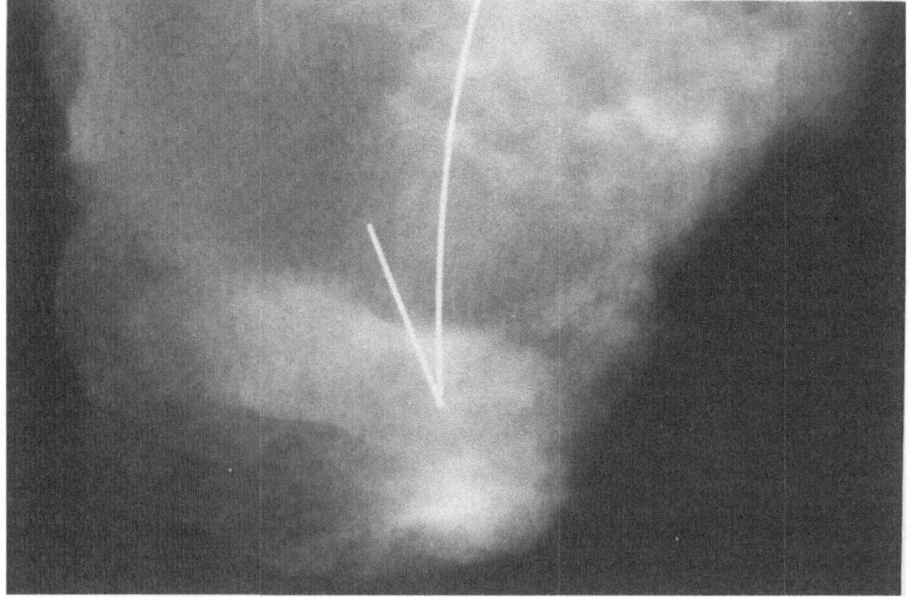

Abb. 5. Wert des Präparatradiogramms: Die Läsion (distal des Drahtendes) liegt am Resektionsrand. Eine Nachresektion ist erforderlich

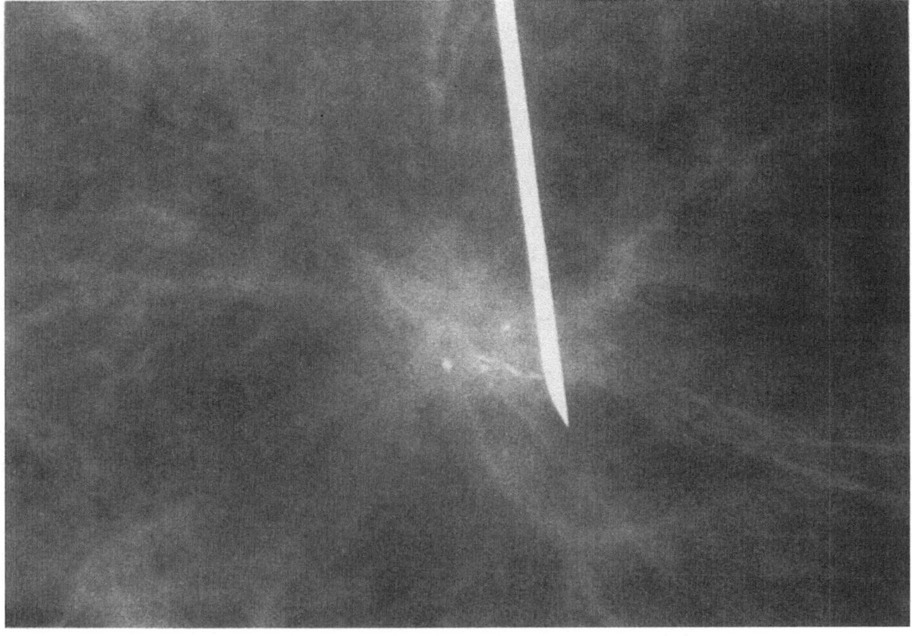

Abb. 6. Präparatradiogramm eines typischen Karzinoms mit ausgeprägter Umgebungs-
reaktion und Mikroverkalkungen: Die Nadel wird vom Radiologen am Präparat eingestochen, um für den Pathologen die beste Lage für die Schnellschnittuntersuchung zu
markieren

2-Ebenen-Technik. Durch eine im Raster eingeführte Feinnadel wird ein feiner
Draht eingeführt, dessen Spitze mit einem Widerhaken im verdächtigen Bereich
verbleibt. Dadurch kann der Chirurg gezielt die verdächtige Läsion entfernen.
Nach der Operation muß die **Präparatradiographie** angeschlossen werden. Erst
hier zeichnet der Radiologe endgültig im Präparat (z. B. mit einer Nadel) den verdächtigen Bezirk an, um den Pathologen die Schnellschnittuntersuchung zu
ermöglichen [20].

Weitere radiologische Techniken sind die **Abszessdrainagen**, die durch
Punktion und eventuell durch Einführung eines schmalen angiographischen
Katheters erfolgen. Hierfür sind auch zweilumige Katheter am Markt, die eine
Spül-Saugdrainage ermöglichen.

Radiologische Problemzonen

Die „dichte Brust" der Jugendlichen oder Laktierenden, die Mastopathie, die
Nachsorge nach brusterhaltender Therapie und die Brust nach Probeexzi-
sion(en) stellen radiologische Probleme dar.

In der **dichten Brust** können direkte Karzinomzeichen, wie beispielsweise eine umschriebene Gewebsverdichtung, durch die überlagernden Strukturen maskiert werden. Hier ist die Sonographie, eine klinische Nachkontrolle und eventuell eine radiologische Beobachtungskontrolle ein absolutes Muß. Nur dadurch können Veränderungen der Struktur rechtzeitig aufgedeckt werden. **Karzinome bei Laktierenden** sind selten, die Problematik der Aufdeckung dieselbe. Die **Mastopathie** ist ein „Sammeltopf" für verschiedene proliferative Veränderungen der Brust und ergibt für den Ungeübten ein unruhiges Bild, das häufig zu Fehlinterpretationen führt [6].

Nach Teilresektion und Strahlentherapie, vor allem interstitieller Behandlung, werden die Strukturen der Brust erheblich verdichtet. Im Rahmen der Bestrahlung kommt es zu einer Vermehrung der fibrösen Strukturen, und auch durch ein Begleitödem wird die Aufdeckung von Rezidivtumoren und ihre Differenzierung von narbigen Veränderungen erschwert. An der eigenen Klinik werden daher bestrahlte Brüste ein zweites Mal mit zwei Schwärzungsstufen mehr exponiert. Ziel der Untersuchung ist die Darstellung der bestrahlten Brust mit der gleichen „Durchsichtigkeit" wie die gesunde Brust. Hierbei ist wiederum der Seitenvergleich möglich und dadurch die Entdeckung einer neuen Veränderung.

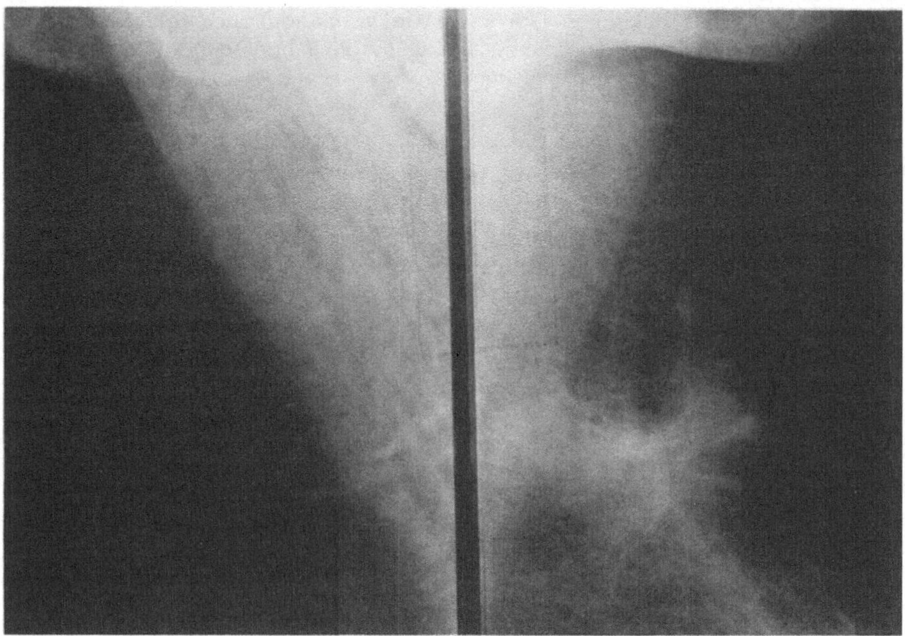

Abb. 7. Zustand nach Exzision eines benignen Blastoms im axillären Ausläufer der linken Brust mit ausgeprägten postoperativen Veränderungen, die das Vorliegen eines neuen Tumors vortäuschen

Die **Differenzierung eines Karzinomrezidivs von einer Narbe** ist radiologisch schwierig. Diagnostische Unsicherheit führt häufig zur „unnötigen" Exzision auffälliger oder suspekter Bezirke. Die dadurch entstehenden Gewebsveränderungen erschweren erheblich eine mammographische Kontrolle, nicht zu sprechen von psychologischen und kosmetischen Faktoren. Eine vom Experten durchgeführte Brustuntersuchung in Kooperation mit dem Kliniker sollte eine zufriedenstellende Diagnostik ermöglichen (Abb. 7).

Radiologische Nachsorge der Mammakarzinompatientin

Die Mammographie und die erweiterte bildgebende Diagnostik der Brust unter Einschluß aller zur Verfügung stehenden Techniken sind komplexe Verfahren, welche ein hohes Expertenwissen und viel Erfahrung erfordern. Aus diesem Grunde sollten diese Untersuchungen zentral an jenen Stellen durchgeführt werden, wo entsprechende Teams vorhanden sind.

Diese Teams sollten auch eine rationelle Diagnostik und Nachsorge bei Krebspatientinnen übernehmen. Dies betrifft **Staging** und **Früherfassung von Metastasen** (Lunge, Leber, Skelett, Hirn) und von etwaigen **loko-regionalen Veränderungen** [21, 22].

60% der radikal operierten Patientinnen entwickeln im weiteren Krankheitsverlauf Fernmetastasen. Sie finden sich am häufigsten im Skelett (50%), Lunge (25%) und Leber (20%). 5–10% der Patientinnen entwickeln einen Zweittumor in der kontralateralen Brust. Die Nachsorge eines operierten Mammakarzinoms umfaßt radiologisch somit postoperativ die Skelettszintigraphie, die Thoraxaufnahme und die Sonographie der Leber. Bei neurologischer Symptomatik muß eine Computertomographie des Gehirns durchgeführt werden (4–10%: Hirnmetastasen). Die kontralaterale Mammographie erfolgt ebenfalls in geeigneten zeitlichen Abständen, meist jährlich.

Literatur

1. Bassett LW, Gold RH (1988) The evolution of mammography. AJR 150: 493
2. Kopans DB, Meyer JE, Sadowsky N (1984) Breast imaging. N Engl J Med 310: 960
3. Moskowitz M (1984) Mammography to screen asymptomatic women for breast cancer. AJR 143: 457
4. Sickles EA (1984) Mammographic features of „early" breast cancer. AJR 143: 461
5. Leinster SJ, Whitehouse GH (1986) The mammographic breast pattern and oral contraception. Br J Radiol 59: 237
6. Holzner JH (1985) Histologie, Grenzformen des normalen und pathologischen Proliferationsmusters der Mamma. Verh Dtsch Ges Pathol 69: 26
7. Eddy DM, Hasselblad V, McGivney W, et al (1988) The value of mammography screening in women under age 50 years. JAMA 259: 1512

8. Feig SA (1988) The importance of supplementary mammographic views to diagnostic accuracy. AJR 151: 40
9. Sickles EA (1988) Practical solutions to common mammographic problems: tailoring the examination. AJR 151: 31
10. Feig SA (1984) Radiation risk from mammography: is it clinically significant? AJR 143: 469
11. Bauer M, Schulz-Wendtland R, Fournier D (1988) Mammographie-Reihenuntersuchung: ein Weg zur Reduzierung der Mortalität des Mammakarzinoms? Radiologe 28: 95
12. Fajardo LL, Hillman BJ, Hunter TB, et al (1987) The impact of focused instruction on learning mammography. Invest Radiol 22: 990
13. Sickles EA, Weber WN, Galvin HB, et al (1986) Baseline screening mammography: one vs two views per breast. AJR 147: 1149
14. Guyer PB, Dewbury KS (1988) Sonomammography in benign breast disease. Br J Radiol 61: 374
15. Jackson VP, Rothschild PA, Kreipke DL, et al (1986) The spectrum of sonographic findings of fibroadenoma of the breast. Invest Radiol 21: 34
16. Kaizer L, Fishell EK, Hunt JW, et al (1988) Ultrasonographically defined parenchymal patterns of the breast: relationship to mammographic patterns and other risk factors for breast cancer. Br J Radiol 61: 118
17. Dash N, Lupetin AR, Daffner RH, et al (1986) Magnetic resonance imaging in the diagnosis of breast disease. AJR 164: 119
18. Gent HJ, Sprenger E, Dowlatshahi K (1986) Stereotaxic needle localization and cytological diagnosis of occult breast lesions. Ann Surg 204: 580
19. Homer MJ (1987) Preoperative needle localization of lesions in the lower half of the breast. AJR 149: 43
20. Stomper PC, Davis SP, Sonnenfeld MR, et al (1988) Efficacy of specimen radiography of clinically occult noncalcified breast lesions. AJR 151: 43
21. Ladner HA (1988) Prognosefaktoren beim Mammakarzinom: Folgerungen für die Strahlentherapie. Radiologe 28: 103
22. Heller M, Majewski H, Crone-Münzebrock W, et al (1988) Röntgenmorphologie der Skelettmetastasen des Mammakarzinoms unter antineoplastischer Therapie. Fortschr Röntgenstr 149: 121

Maligne Lymphome
Hodentumoren
Bronchuskarzinom
Ovarialkarzinom

Mit Beiträgen von P. Aiginger, Ch. Dittrich, R. Heinz, K. Karrer,
O. Kokron, R. Kuzmits

(Angewandte Onkologie, herausgegeben von Ch. Dittrich)

1989. 8 Abb. XIII, 165 Seiten.
Broschiert DM 72,–, öS 500,–
ISBN 3-211-82106-6

Preisänderungen vorbehalten

Das Buch stellt den ersten Band der Buchreihe Angewandte Onkologie dar.
Intention dieser Serie ist die Information aller onkologisch Tätigen und
Interessierten über den aktuellen Stand von Epidemiologie, Diagnostik,
Therapie, Verlaufsuntersuchung sowie Prognoseerstellung von Maligno-
men. Besonderer Raum soll interdisziplinären Thematiken, die für den
Onkologen von praktischer Bedeutung sind, gewidmet werden. Aufgabe der
Buchreihe ist primär die Präsentation von gesichertem Wissen über die ver-
schiedensten Aspekte bei den einzelnen Tumorentitäten durch national und
international anerkannte Spezialisten auf dem jeweiligen Gebiet, um dem
klinisch praktisch Tätigen in Kürze einen Überblick zu geben und eine
Entscheidungshilfe für ein optimiertes ärztliches Vorgehen im Einzelfall
darzustellen. Ärzten, Medizinstudenten und allen, die sich einen raschen
Einblick in spezifische onkologische Fragestellungen verschaffen wollen,
soll die Reihe praktische Hilfeleistung geben. Auf die Präsentation wissen-
schaftlich ungesicherter letzter Forschungsergebnisse wird bewußt verzichtet; hier wird auf die einschlägige Literatur verwiesen.

Springer-Verlag Wien New York

Ch. Dittrich

Klonieren von soliden Tumoren

Therapiesimulation, Therapieoptimierung und Prognoseerstellung
am Beispiel des Ovarialkarzinoms

1987. 29 Abb. XII, 171 Seiten.
Broschiert DM 70,–, öS 490,–
ISBN 3-211-82002-7

Preisänderungen vorbehalten

Das Buch stellt in umfassender Weise die Methodik des Klonierens von soliden
Tumorzellen in vitro als eine experimentelle Methode für die Planung und Individualisierung der antitumoralen Chemotherapie und ihre Bedeutung für die Erfassung
der Prognose von Patienten mit Karzinomen dar. Der aktuelle Stellenwert dieser
Methode und ihre Einsetzbarkeit für die rationale Therapieplanung in der klinischen
Onkologie werden anhand der Daten des Autors am Beispiel des Ovarialkarzinoms
analysiert und mit reichhaltigem Datenmaterial aus der Literatur verglichen und
diskutiert.

Das Buch präsentiert eine Fülle von neuen wissenschaftlichen Daten, wie sie z.T.
international noch nicht publiziert wurden. Es konnte erstmals gezeigt werden, daß:

1. das Wachstum von Tumorzellen in vitro vom relativen Tumorzellgehalt signifikant
abhängt;
2. das In-vitro-System per se keine Selektion einer bestimmten prognostischen
Subtype an Tumoren ausübt, so daß die Testergebnisse für alle getesteten Materialien repräsentativ sind;
3. die Vorbehandlung sich nur dann auf die Chemosensitivität gegenüber Folgetherapien auswirkt, wenn diese Therapien identisch sind;
4. die generelle Chemosensitivität in vitro mit der Chemosensitivität in vivo übereinstimmt;
5. das Wachstum in vitro einen selbständigen prognostischen Parameter darstellt.
Insbesondere wird der Wert des Testsystems für die Arzneimittelforschung, für die
Erstellung neuer Therapiekonzepte, für die Behandlung von Tumorpatienten in
Phase-I–II-Studien sowie die Prognoseerstellung positiv kommentiert.

Springer-Verlag Wien New York